Erich Preuß

Tragischer Irrtum

Erich Preuß

Tragischer Irrtum

Eisenbahnunfälle der 80er Jahre

trans press

Titelbild:
Ein Erdrutsch bei Hochspeyer im Kreis Kaiserslautern war die Ursache eines Zugunglücks am 28. 6. 1988, das einen Toten und über dreißig Verletzte forderte
Foto: dpa/Thelen

Preuß, Erich:
Tragischer Irrtum. – 2. Aufl.
Berlin: Transpress, 1994. – 168 S.:
95 Abb., 3 Tab.

ISBN 3-344-70 772-8

2. Auflage 1994

Borkumstr. 2, 13189 Berlin
Einbandgestaltung: Jürgen Schumann
Typographie: Jürgen Schumann/Regine Bach
Printed in Germany
Satz: Satzstudio MediaSoft Berlin
Druck: Maisch + Queck, 70839 Gerlingen
Bindung: K. Dieringer, 70839 Gerlingen

Vorwort

Nachdem die „Eisenbahnunfälle in Europa“, im Sommer 1991 erstmals erschienen und inzwischen nachaufgelegt, eine so überaus freundliche Aufnahme bei den Lesern gefunden haben, lege ich ein weiteres Buch zum gleichen Thema „Eisenbahnunfälle“ vor.

Mit dem Titel „Tragischer Irrtum“ – auf diese Weise herausgehobene Überschrift eines Kapitels des vorliegenden Buches – will ich auf die Rolle des Menschen bei diesen die Öffentlichkeit stets aufs neue aufrüttelnden Ereignissen aufmerksam machen; denn ob nun die Indusi versagte oder eine Brücke einstürzte, ob sich ein Gleis verwarf oder der Kessel einer Dampflokomotive zerknallte, immer ist der Mensch beteiligt – unmittelbar oder mittelbar.

Freilich ist die Rolle des Menschen nicht in jedem Fall zweifelsfrei nachvollziehbar, aus objektiven wie aus subjektiven Gründen. Und ich werde auch zeigen, daß mitunter sehr schnell vom menschlichen Versagen gesprochen wird, obwohl die Gründe, die zu einem Unfall geführt haben, ganz woanders oder bei ganz anderen zu suchen sind. Da hilft dann oftmals das berühmte cui bono – wem nützt es, sofern sich in der Öffentlichkeit das Versagen des Eisenbahners XY nicht schon festgesetzt hat. Was durchaus nicht unbeabsichtigt gewesen sein muß …

Dankbar bin ich Herrn Eberhard Wiese, Leverkusen, Heinz Schnabel, Berlin, Rechtsanwalt Fritz Blumenschein, Nürnberg, Clemens Hahn, Dresden (für kritische Durchsicht), den Gerichten und dem Staatsarchiv (heute Preußisches Geheimes Staatsarchiv) Merseburg sowie anderen Helfern, die nicht genannt sein wollen.

Berlin, Januar 1993 — Erich Preuß

Inhaltsverzeichnis

1. Zur Einführung: Der Griff zum falschen Hebel 7
2. Rüsselsheim: Versagte die Indusi? 14
3. Tragischer Irrtum 23
4. Das Privileg des einzigen Fehlers 42
5. Gut gemeint, aber ... 73
6. Alles schläft – einer fährt 81
7. Warum bremste er nicht? 88
8. Gleisverwerfungen – ein Mysterium? 105
9. Schuld ist die Technik? 123
10. Kesselzerknall: Wo blieb die Erfahrung? 144
11. Brückeneinstürze: Kunstfehler oder Versagen? 152

Abkürzungen 167

Ortsregister 168

1

Zur Einführung: Der Griff zum falschen Hebel

Der technische Defekt, hier der Bruch eines Achsschenkels, kann verschiedene Ursachen haben: heißgelaufenes Radlager, Überladung des Wagens, Materialermüdung. Selten wird man menschliches Versagen ermitteln, auch nicht, wie hier am 28. Juni 1987 auf dem Bahnhof Dannenwalde (Strecke Berlin–Rostock), als 20 mit Erz beladene Wagen entgleisten, 16 von ihnen umstürzten.
Foto: ADN-ZB/Mittelstädt

In einem Buch fand ich folgendes treffendes Beispiel: „Am Vortag hatte es das Urteil im Prozeß gegen den Weichensteller Ernst Kuhnke aus Berlin-Neukölln gegeben. Der Mann hat sich im Stellwerk vergriffen und den falschen Hebel gedrückt. Drei Schwerverletzte und 230 000 Mark Sachschaden waren das Resultat. Kuhnke bekam drei Jahre Gefängnis.

Alfred Polgar war beim Prozeß und schilderte den Verlauf. Dann fährt er fort: Am gleichen Abend dieses Tages nach dem Kuhnke-Urteil besuchte ich ein Konzert. Solist war Paderewski. Man muß heutzutage nicht mehr sagen, wie großartig er ist, zumal beim Klavierkonzert in b-Moll von Tschaikowsky. Aber einmal, ich erinnere mich ganz genau, daß es im zweiten Satz war, griff der berühmte Paderewski daneben, auf den falschen Hebel sozusagen. Ich und noch einige Eingeweihte, wir runzelten die Stirn und seufzten insgeheim: ‚Auch ja, der gute Paderewski, er wird schon alt ...' – und das war auch schon alles, denn der Rest des Abends war großartig wie immer.

Weshalb ich ihnen das erzähle, im Zusammenhang mit Ernst Kuhnke, Neukölln?

Paderewski, so wurde mir versichert, bekam für diesen Konzertabend 1200 Mark, Kuhnke bekommt 1100 im Jahr."[1]

Der Fehlgriff zeitigt eben verschiedene Wirkungen, unabhängig vom Salär. Wie oft hörte ich: „Wir Eisenbahner stehen mit einem Fuß im Grab, mit dem anderen im Gefängnis!" Ist dieser fatalistische Spruch, der seit den zwanziger Jahren unter Eisenbahnern kursiert, vielleicht ist er noch älter, übertrieben? Der Schritt vom Richtigen zum Falschen, also der Griff zum falschen Hebel, aber auch „nur" kurzes Einschlafen oder sekundenlange Ablenkung können ein Unglück herbeiführen.

Glücklicherweise ist die Eisenbahn nicht auf die Unfehlbarkeit ihrer Mitarbeiter angewiesen. Daß der im komplizierten Eisenbahnbetrieb Tätige zum „kleinen Rädchen im großen Getriebe" wurde, dafür sorgen seit mehr als 100 Jahren die Eisenbahnsicherungstechniker. Dem Eisenbahner wurden durch ihre Geräte viele Entscheidungen abgenommen, die Folgen der Fehlhandlungen wuchsen aber leicht in Größenordnungen, die in das Feld der schweren Krimialität reichen.

Nach altrömischen Recht darf das Ausmaß der persönlichen Schuld nicht losgelöst vom Ausmaß der Folgen betrachtet werden. Der redliche, aber für Sekunden pflichtvergessene Eisenbahner ein potentieller krimineller Täter? Nein, ihn soll die Perfektion der Technik schützen. Alle nur denkbaren Fehlhandlungen sollen wirkungslos bleiben, aber der Eisenbahner wird stets und sonders dazu angehalten, sorgfältig und verantwortlich seinen Dienst zu verrichten. Ein Widerspruch? Je nachdem, wie hoch der technische Sicherheitsstandard einer Bahnverwaltung ist, kann die Fehlbarkeit des Menschen (mitunter liest man vom Risikofaktor Mensch) hingenommen werden, ohne daß es zu einem Unfall mit Sach- oder/und Personenschäden kommt, ja, man rechnet mit dem Fehler.

Beispielsweise sorgt eine Vielzahl von Einrichtungen dafür, daß bei falscher Bedienung von Weichen beispielsweise das Auffahrtstellen eines Signals und damit die Zugfahrt

1 Entnommen Heinersdorff: Die große Welt der Eisenbahn. München 1976. Seite 219

unmöglich, in anderen Fällen der Zug zwangsweise angehalten wird. Die öfter zu lesende Begründung eines Unfalls sei falsche Weichenstellung ist normalerweise falsch. Entweder vergaß die Zeitung die näheren Umstände für die „falsche Weichenstellung" mitzuteilen, wobei sich dann schnell herausstellte, daß tatsächlich eine andere Unterlassung oder ein Fehlgriff vorlagen, oder es wurde einfach falsch berichtet.

Der Eisenbahnunfall infolge menschlichen Versagens ist nicht allein Sache der Eisenbahner. Am 4. August 1992 fuhr ein Lastwagen mit 60 km/h Geschwindigkeit über die Brücke zwischen Feldkirchen und Leutesdorf auf der Bundesstraße 42 und durchbrach die Leitplanken. Er stürzte auf den InterCity „Rheinfels". Der Zug riß den Lkw mit und kann nach 100 m zum Halten. Der Lkw-Fahrer starb an der Unfallstelle, drei Eisenbahner auf dem Führerstand der Lokomotive und ein Reisender wurden schwer verletzt.
Der InterCity war wegen einer Fahrleitungsstörung auf der linken Rheinseite zur rechten geleitet worden, und der Lkw gehörte zu jener Speditionsfirma, die durch den Unfall wegen eines defekten Sattelschleppers am 7. Juli 1987 in die Schlagzeilen geraten war (5 Tote, 41 Verletzte).
Foto: Sammlung Wiese

Ein anschauliches Beispiel, wie die Sicherungstechnik Unfälle verhüten kann oder, wenn sie fehlt, das menschliche Versagen nicht überbrückt, liefert uns der Zusammenstoß zweier Züge am 27. Juli 1991 auf dem Bahnhof Oebisfelde (Strecke Stendal–Wolfsburg–Lehrte). D 448 Dresden–Köln hatte im Bahnhof Oebisfelde planmäßig am ehemals sogenannten Kontrollbahnsteig gehalten und fuhr ab in Richtung Wolfsburg. Am Unfalltag bestand der Bahnsteig noch nebst mächtiger Bahnsteigkonstruktion, (verlassenen) Steinbaracken, vor allem mit Gleisen, denen sicherungstechnisch die Durchfahrtsmöglichkeiten fehlen. Der

Die Weiche unzeitig, also unter dem Fahrzeug, umzustellen, kommt beim Rangieren immer wieder einmal vor, ohne daß solche Ereignisse von der Öffentlichkeit zur Kenntnis genommen werden. Rostock-Bramow 1988
Foto: Emersleben

Sicherlich auch beim Rangieren kam es zum Zusammenstoß auf diesem ungarischen Bahnhof. Der Sammler schrieb lakonisch „zwischen den Weltkriegen".

Halt eines Schnellzugs auf dem „Dorfbahnhof" entsprach überhaupt nicht dem Bedarf. Da der Schnellzug am Bahnsteig halten mußte, schlossen sich die Ausfahrt und die gleichzeitige Einfahrt des Güterzugs 46 183 Hamburg–Hartmannsdorf aus. Als D 448 über die Weichen 303 und 304 und damit auf das Streckengleis Oebisfelde–Vorsfelde der zwei - gleisigen Strecke gelangte, stieß er mit dem auf dem „Gegengleis" Vorsfelde–Oebisfelde kommenden Kesselwagenzug voller Benzin zusammen. Die Lokomotive 216 166 des Bw Braunschweig 1 brannte vollständig aus. Die Lokomotivführer (der des Güterzugs und zwei des Schnellzugs) starben an der Unfallstelle, 21 Reisenden wurden verletzt, neun Kesselwagen stürzten um, weitere Güter- und Reisezugwagen wurden beschädigt.

Aus diesen beschädigten Kesselwagen liefen etwa 200 t Benzin aus, das sich entzündete und noch nach Stunden immer wieder zu Verpuffungen führte.

Die Unfallursache mußte rekonstruiert werden, denn die Beteiligten, das Lokomotivpersonal, konnten zu ihren Wahrnehmungen nicht befragt werden. Der Lokomotivführer des Güterzugs ist zweifelsfrei am haltzeigenden Einfahrsignal des Bahnhofs Oebisfelde vorbeigefahren. Das Signal mußte „Halt" zeigen, weil der Schnellzug ausfuhr und dessen Fahrstraße den für den Güterzug vorgesehenen Fahrweg kreuzte. Die Fahrstraße konnte und durfte erst aufgelöst werden, wenn der Zug mit Zugschluß – also mit dem letzten und dementsprechend signalisierten Wagen – an der sogenannten Zugschlußstelle vorbeigefahren war.

Dazu kam es nicht.

Beim Räumen der Unfallstelle in Oebisfelde
Foto: ZB/Heilad

Auch der DB-Sachverständige vermutet es: Der Lokomotivführer war zu dieser mitternächtlichen Zeit eingeschlafen. In den Zeitungen hieß es, „menschliches Versagen" sei am Unfall schuld.

Die Spekulation, warum der Lokomotivführer ausgerechnet hier und zu dieser Zeit versagte, als das Signal „Halt" zeigte, ist müßig – bestimmte Parallelen zu Othmarsingen (6. Abschnitt) drängen sich auf –, denn wer weiß denn, ob der Lokomotivführer erst hier nicht mehr wach war? Man wird doch nicht plötzlich müde. Nahm er vielleicht vorher bereits die Stellung der Signale nur im Unterbewußtsein auf? Solange diese „Fahrt frei" zeigten, konnte die mangelnde Aufmerksamkeit niemandem auffallen, zumal die Sicherheitsfahrschaltung[2] selbst dann bedient werden kann, wenn man „geistig weggetreten" ist. Das kommt nicht oft vor, denn der Hupton gibt im Führerstand Signal, wenn die entsprechende Taste (oder eine Fußwippe) entweder nicht bedient oder zu lange festgehalten wird. Kehrt der Führer nicht zur Bedienung zurück, setzt die Zwangsbremsung ein. Es gab aber doch Fälle (und die wurden in der Fachliteratur genannt[3]), daß jemand im schläfrigen Zustand den Rhythmus der Bedienung einhielt, quasi schlafend fuhr. Um dieser Gefahr zu begegnen und den Sicherheitskreis Signal–Zug unabhängig vom Willen des Lokomotivführers zu schließen, wurde an Strecken und Fahrzeugen die induktive Zugbeeinflussung eingebaut.[4] Schwere Unfälle wegen Vorbeifahrt an haltzeigenden Signalen, vor allem während des ersten Weltkriegs und in den zwanziger Jahren, beschleunigten deren Entwicklung bei der Deutschen Reichsbahn-Gesellschaft.

Die Indusi führt zur Zwangsbremsung des Zuges, wenn der Lokomotivführer die Warnstellung des Vorsignals nicht aufnimmt und schließlich die Haltstellung des Signals mißachtet. Daß die Indusi keine „absolute Sicherheit" für den Zug darstellt, belege ich im folgenden Abschnitt am Beispiel des Unfalls von Rüsselsheim (aber auch mit anderen Beispielen, wie Hannover-Empelde, Ansbach), wo ich auf das Prinzip der Indusi eingehe. Immer bleibt ein Moment, wo der Mensch bewußt an den Sicherheitsanforderungen mitwirken muß. Weitere Beispiele für das „Unterlaufen" der Indusi gibt es, die in der Literatur erwähnt wurden.[5]

Die Strecke von Wolfsburg bis zur ehemaligen „Staatsgrenze BRD/DDR" war, wie alle wichtigen Strecken der Deutschen Bundesbahn mit Indusi versehen. Das Einfahrsignal des Bahnhofs Oebisfelde steht aber östlich der ehemaligen Grenze, die die Strecke in km 168,983 schnitt. Und die Deutsche Reichsbahn hatte wichtigere Strecken im Auge als die von Stendal in Richtung der Grenze, als sie in der Lage war, Strecken mit der Indusi nachzurüsten, nachdem diese für die Sicherheit so segensreiche Einrichtung von 1945 ausgebaut worden war.[6]

In den folgenden Abschnitten sollen Sie, verehrter Leser, in den Zusammenhang von menschlichem Versagen, Unfällen und technischen Vorkehrungen zur Verhütung folgenschwerer Ereignisse eingeführt werden. Zu Unfällen kam es immer dann, wenn die menschliche Fehlbarkeit in eine technische oder organisatorische Lücke reichte. Meist sind solche

Ereignisse aus den Zeitungen bekannt, die recht umfassend die Folgen, Aufräumungsarbeiten und die Stimmung Betroffener schildern, ihren Lesern aber die Antwort nach den Ursachen schuldig bleiben, sie mit der lapidaren Bemerkung abspeisen, „menschliches Versagen" habe zu dem Unfall geführt. Kaum jemand macht sich Gedanken, was denn das menschliche Versagen sein könnte. In Berichten von Straßenverkehrsunfällen finden wir diesen Begriff viel weniger, dort wird spezifiziert: überhöhte Geschwindigkeit, Vorfahrt oder Fahrbahnverhältnisse mißachtet. Schlauer wird man daraus auch nicht. Daß bei Eisenbahnunfällen das Klischee vom menschlichen Versagen herhalten muß, mag daran liegen, daß es für den Journalisten ungleich schwerer ist, in die Welt der Eisenbahn einzudringen. Autofahren und dementsprechend mitreden können, das kann jeder, Lokomotivführer oder Fahrdienstleiter sein – nicht!

Man lasse sich aber nicht davon abhalten, über die Vermeidbarkeit von Eisenbahnunfällen nachzudenken. Wäre jeder beim Fatalismus geblieben, hätte niemand die Eisenbahnsicherungstechnik weiterentwickelt bis zum heutigen Standard, wenngleich die Rationalisierung und Automatisierungsabsichten damit einhergehen. Doch gute Technik kostet Geld, und die eine Bahnverwaltung hat mehr davon als die andere. Dementsprechend unterschiedlich sind die Verhaltensanforderungen an die Eisenbahner.

Die Deutsche Reichsbahn besaß bereits in den sechziger Jahren, um ein Beispiel zu nennen, einige wenige, sehr moderne automatisierte Strecken, auch mit Zugbeeinflussung, daneben Hauptbahnen mit „Steinzeittechnik", ohne Streckenblock, sogar mit Bahnhöfen ohne Signalabhängigkeit (siehe Lebus im 4. Abschnitt). Genügten dort die Eisenbahner im entscheidenden Moment nicht dem Verhaltenskodex, versagten sie eben menschlich. Die Richter hatten dann zu entscheiden, ob das Verhalten als fahrlässig, als grob fahrlässig oder – in wenigen Fällen – überhaupt nicht zu verurteilen war.

2 Sicherheitsfahrschaltung (Sifa): elektromechanische oder elektronische Schaltung zur selbsttätigen Überwachung der Dienstfähigkeit der Triebfahrzeugpersonale während der Fahrt

3 „Gewissenhafte Arbeit des Triebfahrzeugführers – ein wesentlicher Faktor der Betriebssicherheit (I)", in: „Eisenbahnpraxis", Berlin (1987), Seite 30

4 Zu ihr gehört die Induktive Zugsicherung (Indusi).

5 siehe Ritzau: Kriterien der Schiene, Landsberg-Pürgen 1978, Seiten 72ff. und 97ff.

6 Die Strecke Berlin–Dresden war die erste, die nach 1960 mit ausgelagerten Ersatzteilen wieder mit Indusi versehen wurde. Allerdings waren nur die hier verkehrenden Schnellzuglokomotiven mit Fahrzeugmagneten ausgestattet worden.

2.

Rüsselsheim: Versagte die Indusi?

Mit Blechschere und Winden versucht die Feuerwehr in Rüsselsheim, Herr der Lage zu werden
Foto: dpa

Der Triebwagenführer H. vom Betriebswerk Frankfurt (Main) 1 trat am 2. Februar 1990 mittags seinen Dienst an, das Ende der vorangegangenen Schicht lag 39 Stunden zurück. Zunächst fuhr er mit dem S-Bahn-Zug der Baureihe 420 dreimal vom Hauptbahnhof in Frankfurt (Main) zum Flughafen und zurück. Auf dem Flughafenbahnhof übernahm er den Zug S 5052 nach Wiesbaden und fuhr um 16.15 Uhr von Wiesbaden als Zug 5063 in Richtung Frankfurt (Main).

Vor dem Bahnhof Rüsselsheim sah er das Einfahrsignal, ein Formsignal, vor dem außerdem das Ausfahrvorsignal, ebenfalls ein Formsignal, stand. Das Einfahrsignal zeigte „Fahrt frei", das Vorsignal die Warnstellung. H. quittierte mit der Wachsamkeitstaste der Indusi, daß er dieses Signalbild zur Kenntnis genommen hatte. Außergewöhnlich war dieses Signalbild nicht, denn der S-Bahn-Zug hielt planmäßig in Rüsselsheim, und zwar vor einer sogenannten H-Tafel, dem Halteplatz der Zugspitze bei planmäßig haltenden Zügen. Von ihnen gab es am Bahnsteig für verschiedene Zuglängen deren drei. Die Zugspitze des S 5063 stand 367 m vor dem Ausfahrsignal.

Es zeigte „Halt", weil an diesem Tag die Lz 14 912 vorzeitig in Rüsselsheim eintraf. Sie sollte als Rangierfahrt sofort zum Güterbahnhof weiterfahren, wozu der Fahrdienstleiter, noch ehe die Lz vor dem Ausfahrsignal anhielt, das Vorrücksignal bediente. Der auf dem Führerstand mitfahrende Lehrlokführer war wegen der Vorschriften nicht einverstanden, daß die Zugfahrt sofort in eine Rangierfahrt übergehen sollte. Er verlangte, das Vorrücksignal solle nochmals bedient werden, was der Fahrdienstleiter, sich im Recht glaubend, ablehnte. Der brauchte das Gleis 1 für S 5062 von Frankfurt (Main) Kontablerwache nach Wiesbaden und hatte wenig Zeit und Lust zum Diskutieren – er verlegte den Zug S 5062 nach Gleis 3. Dieser Fahrweg schloß die gleichzeitige Ausfahrt aus Gleis 2 aus, weshalb S 5063 warten mußte.

Obwohl das Ausfahrsignal „Halt" zeigte, fuhr H. jedoch ab und die Weiche 97 auf, und in der Weichenverbindung 98/99 stießen um 16.43 Uhr beide Züge zusammen.

16 Reisende und der Triebwagenführer W. wurden getötet, 100 Reisende verletzt. Der Sachschaden belief sich auf etwa 6 Millionen Mark.

Nicht nur unter Laien wurde diskutiert, auch die Fachleute fragten sich, wie konnte es bei einer derart hochtechnisierten Bahn, wie der Deutschen Bundesbahn, zu dieser Katastrophe kommen? Triebwagenführer H. erklärte während der Vernehmung, solange er S-Bahn fahre, habe er im Bahnhof Rüsselsheim noch nie wegen einer Kreuzung mit einem anderen S-Bahn-Zug warten müssen, und er habe das Hauptsignal N 2 bei seiner Abfahrt auf „freie Fahrt" stehend mit grünem Licht gesehen. Schließlich mußte er seinen Irrtum einräumen.[7]

Wie kann man sich H.s Irrtum erklären?

Er war Triebwagenführer und zugleich Zugführer. Ein Zugbegleiter ohne Zugführerbefugnis fuhr mit, der jedoch nicht das Abfahrsignal erteilen durfte und damit nicht verpflich-

7 Anklageschrift 8 Js 12.7/90 der Staatsanwaltschaft bei dem Landgericht Darmstadt

tet war, auf die Voraussetzungen dafür, z. B. das „Fahrt frei" zeigende Ausfahrsignal, zu achten. Dieser Zugbegleiter unterstützte den Triebwagenführer lediglich, indem er nach dem Aus- und Einsteigen der Reisenden die Abfahrbereitschaft herstellte. Dazu gab er einen Achtungspfiff und meldete den Zug mit der orangefahrenen Meldescheibe fertig. Die Stellung des Ausfahrsignals konnte man durch einen Fahrtanzeiger unterhalb des Bahnsteigdachs erkennen. Auf ihn zu achten, war nicht Sache dieses Zugbegleiters. Die Zustimmung des Fahrdienstleiters zur Abfahrt des Zuges – durch Freigabe des Signals N 2 – richtete sich nur an den Triebwagenführer.

Hätte der Zugbegleiter seine Zuständigkeitsgrenze überschritten und den Zug nicht fertiggemeldet, weil das Ausfahrsignal nicht „Fahrt frei", sondern „Halt", zeigte, wäre der Unfall verhindert worden.

So aber lag es am Triebwagenführer, darauf zu achten. Und er achtete nicht darauf. Die Fahrzeit vom Standort der H-Tafel bis zum Ausfahrsignal N 2, das wurde vom Sachverständigen nachgerechnet und mit Hilfe des Indusi-Registrierstreifens ermittelt, betrug 34,2 s. Während dieser Zeit – eine halbe Minute! – beachtete H. das Ausfahrsignal nicht, er unterlag offenbar der falschen Routine, nach der man in Rüsselsheim immer ungehindert weiterfuhr.

Allerdings war das Signal nur bei auffallendem Sonnenlicht deutlich zu erkennen. Aber je mehr sich der Zug diesem Signal näherte, desto besser wurde es für H. erkennbar. Der Zusammenstoß wäre unterblieben, hätte wenigstens 150 m vor diesem Signal H.s Aufmerksamkeit eingesetzt. Nach dem Ingangsetzen des Zuges „durfte" H. 15,4 s unaufmerksam

Unfallstelle Rüsselsheim
Foto: dpa/Wärner

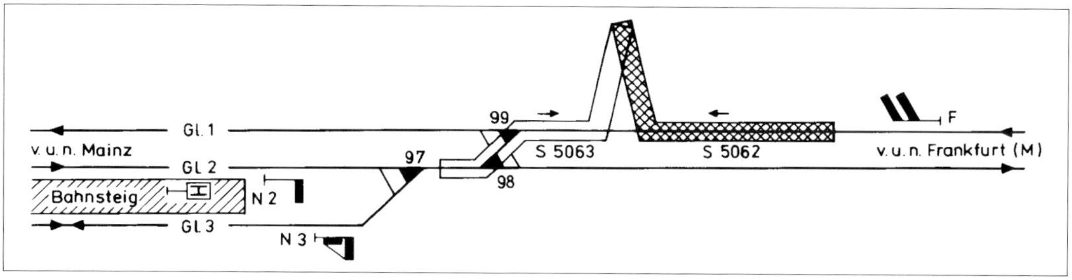

Skizze zur Unfallstelle
Zeichnung: Preuß

sein, ohne daß jemand etwas davon bemerkt hätte. Dann aber mußte er das „Halt" am Signal N 2 respektieren. Daß er bei der Einfahrt in den Bahnhof die Warnstellung des zum Ausfahrsignal gehörenden Vorsignals quittiert hatte, mußte ihm entfallen sein, sicherlich weil der Bahnsteigaufenthalt dazwischen lag.

Am Standort des Ausfahrsignals N 2 in km 12,673 erreichte der Zug eine Geschwindigkeit von 86 km/h. Jetzt setzte die Zwangsbremsung durch die 2 000-Hz-Beeinflussung ein, da war die Zugspitze bereits 30 m am Signal vorbei. Bei einer Geschwindigkeit von 86 km/h stieß der Zug, 180 m hinter dem Signal, in km 12,853 mit dem Zug S 5062 zusammen.

Und W., der andere Triebwagenführer? Sah er die Gefahr nicht? Warum bremste er nicht, warum hielt er nicht an? Exakt ließ sich dessen Verhalten nicht nachweisen, da die Registrierlinien des Fahrtschreibers übereinander lagen. Der Papierstreifen war schief eingelegt worden. So viel steht aber fest: Als sich W. aus Richtung Frankfurt (Main) dem Bahnhof Rüsselsheim näherte, zeigte das Einfahrsignal F „Einfahrt mit Geschwindigkeitsbeschränkung Hp 2", was die Geschwindigkeit auf 60 km/h beschränkte. Das Gleis verläuft hier in einem Rechtsbogen, so daß erst vom km 13,07 an der Weichenbereich bis zum Signal N 2 der Gegenrichtung zu erkennen war. Von dieser Stelle bis zu der des Zusammenstoßes blieben etwa 200 m. Vom Führerstand aus konnte W. einen „hinter" dem Ausfahrsignal N 2 haltenden (oder fahrenden) Zug nur in 80 m Entfernung sehen. Entsprechend wenig Weg und Zeit blieben für eine Reaktion darauf. Bis zum Einfahrsignal hatte W. den Zug auf 60 km/h abgebremst, er ließ ihn mit 57 km/h weiterlaufen. Man kann vermuten – was die Vergleichsfahrt ergab[8] –, daß W. von diesem Punkte an (80 m vor der Unfallstelle) die Gefahr erkannte und die Schnellbremsung bediente. Dann stieß er bei einer Geschwindigkeit von 40 bis 45 km/h mit dem anderen S-Bahn-Zug zusammen. Aus der Geschwindigkeit von 57 km/h betrug der Bremsweg des nachgestellten Zuges 136 m. Der Unfall wäre in diesem Fall nur zu vermeiden gewesen, hätte H., der beschuldigte Triebwagenführer, mindestens 192 m vor dem Ausfahrsignal N 2 ebenfalls eine Schnellbremsung eingeleitet.

8 Gutachten des Sachverständigen Eberhard Wiese vom 26. Juni 1990, Seite 37

Mehr als diese für eine gerechte Bewertung durch das Gericht notwendigen Finessen bewegte die Fachleute die Frage: Inwieweit versagte hier die Indusi? Für den Laien sei zunächst die Wirkungsweise der Zugbeeinflussung erläutert.

Am Gleis sind an Punkten der Gefahr (z. B. am Standort der Signale), in Fahrtrichtung rechts, sogenannte Magnete verlegt, weshalb man die Indusi auch als punktförmige Zugbeeinflussung bezeichnet. Diese „Magnete" senden einen elektromagnetischen Schwingkreis mit bestimmten Frequenzen aus. Am Vorsignal sind das 1 000 Hz, die dann wirken, wenn das Vorsignal „Halt erwarten" (Warnstellung) oder die Stellung „Fahrt frei mit Geschwindigkeitsbeschränkung erwarten" zeigt.[9] 500 Hz ist die Frequenz des Magneten 150 bis 250 m vor den Hauptsignalen (wirksam bei halteigendem Signal oder „Fahrt mit Geschwindigkeitsbeschränkung mit weniger als 40 km/h"), 2 000 Hz am Hauptsignal selbst (wirksam bei haltzeigendem Signal). An den Fahrzeugen (Lokomotiven und Triebwagen) befinden sich ebenfalls Magnete, die auf die genannten Frequenzen eingestellt sind. Treffen die Kraftlinien des Fahrzeugmagneten beispielsweise bei „Halt" des Hauptsignals oder bei Warnstellung des Vorsignals auf den Gleismagnet, dessen Schwingkreis auf die entsprechende Frequenz abgestimmt ist, dann treten durch Induktion und Rückwirkung ein Energieentzug und damit eine Stromschwächung im Stromkreis ein, der dem Fahrzeugmagneten angeschlossen ist. Der Gleismagnet saugt gewissermaßen die Energie aus dem Fahrzeugmagneten ab. Die Wirkung ist: Ein Alarmsignal wird ausgelöst, und, sofern die

Prinzipdarstellung, wie die Zugbeeinflussung PZ 80 der DR den Fahrtverlauf überwacht
Zeichnung: aus „DB/DR Deine Bahn" 10/91

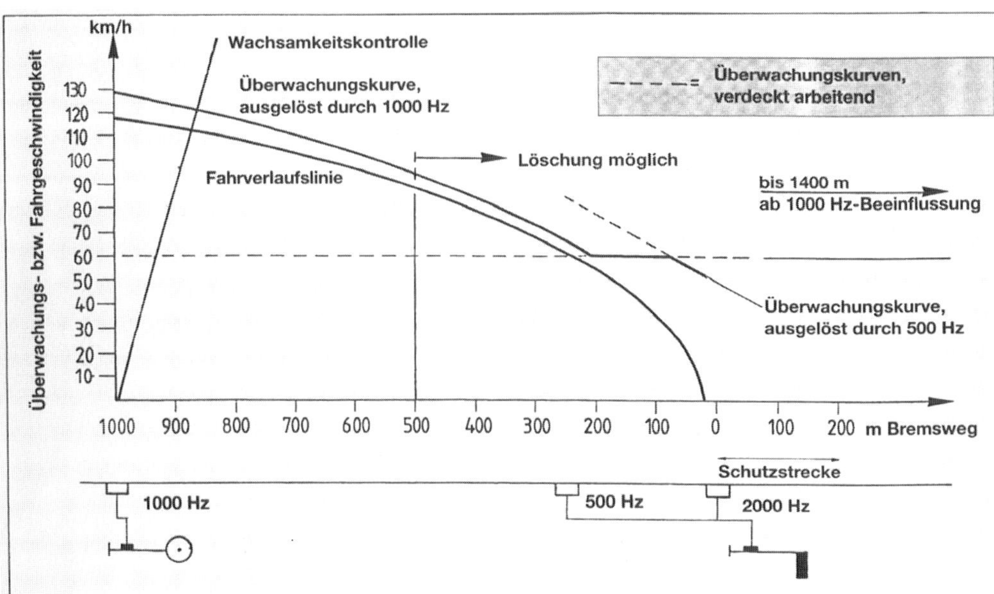

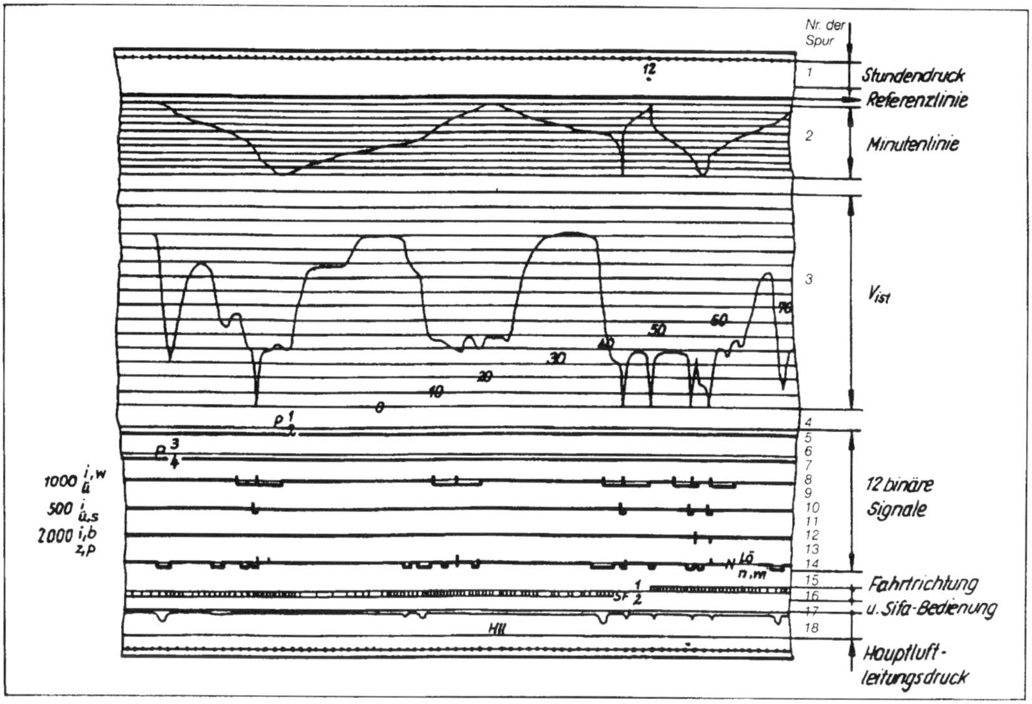

Informationsinhalte des Registrierstreifens bei der Zugbeeinflussung PZ 80. Die Angaben „Stundendruck" und „Hauptluftleitungsdruck" beziehen sich auf die Druckluftbremse.
Zeichnung: aus „DB/DR Deine Bahn" 10/91

Wachsamkeitstaste nicht gedrückt oder die Bremsung nicht alsbald eingeleitet wird, es setzt eine Zwangsbremsung ein. Der Antrieb des Fahrzeugs wird abgeschaltet.

Das ist sehr vereinfacht dargestellt. Tatsächlich handelt es sich bei der Indusi um eine präzise wirkende Einrichtung, die derart geschaltet ist, daß sie immer nach der sicheren Seite hin wirkt. Sie ist eben keine einfache Alarm- oder Meldeanlage, weshalb sie auch von anderen Bahnverwaltungen benutzt wird, zum Beispiel von den ÖBB und im Prinzip von den SBB.

Der Teufel steckt im Detail, und das sind die Einbauvorschriften. Konkret zu Rüsselsheim: Die Vorschrift für die Unterhaltung der Signalanlagen – Teilheft 13: Indusi-Streckeneinrichtungen – der Deutschen Bundesbahn, gültig vom 1. Juni 1972 an,[10] bestimmte, in welchen Fällen Gleismagnete zu verlegen waren. Die Vorschriften über die Anwendungsfälle sind inzwischen nur noch in der „Sammlung signaltechnischer Verfügungen" enthalten und nennen sich „Grundsätze für die Ausrüstung von Strecken mit induktiver Zugbeeinflussung".[11] Nach schweren Unfällen, eben infolge „Unterlaufens der Indusi" am Ausfahrsignal, wurde

9 Die genaue Bezeichnung der Signalbilder sei mir erlassen, weil sie im Detail und erst recht zwischen den Bahnverwaltungen abweicht. Ich beschreibe das Prinzip.

10 DS 892/13

11 DS 818, Seiten 131 01ff.

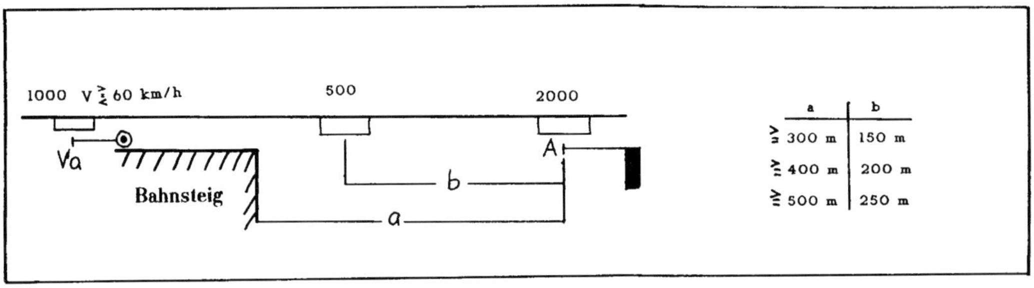

Prinzipdarstellung, in welchen Fällen und an welcher Stelle bei der DB ein 500-Hz-Überwachungsmagnet zu verlegen war. In Rüsselsheim betrug die Entfernung Bahnsteigkante–Hauptsignal (a) 293 m.
Zeichnung: Preuß

nun bestimmt, daß 250 m vor Ausfahr- und Zwischensignalen jeweils ein 500-Hz-Magnet zu verlegen ist, wenn der gewöhnliche Halteplatz der Züge 450 m und mehr vor dem Signal liegt. Zum Unfallzeitpunkt in Rüsselsheim lautete die Vorschrift: „Gleismagnete 500 Hz sind unabhängig von § 3 Abs. 2 und unabhängig von der vor dem Signal zugelassenen Geschwindigkeit zu verlegen ... vor Hauptsignalen gemäß nachstehender Tabelle (Bild oben), wenn der gewöhnliche Halteplatz der Züge zwischen Hauptsignal und dem zugehörigen Vorsignal liegt und der Abstand zum Signal 300 m und mehr beträgt **und**
1. der maßgebende Gefahrpunkt hinter dem Signal in einer Entfernung von weniger als der Größe des Bremsweges folgt **oder**
2. das nächste Hauptsignal in einer Entfernung von weniger als der größten Zuglänge zuzüglich Bremsweg der Strecke folgt (wirksam bei Hp 0 und Hp 00)."

Welche Länge Halteplatz – Signal sollte benutzt werden, wenn drei H-Tafeln aufgestellt waren? Ein Sachverständiger ging vor Gericht vom Bahnsteigende aus, und damit war in Rüsselsheim der Anwendungsfall für solch einen 500-Hz-Gleismagneten nicht gegeben.

Wirksamer Schutz wäre nur unter folgenden Bedingungen möglich gewesen:
1. Nach mindestens der halben Wegstrecke von mehr als 150 m und damit 150 m vor dem haltzeigenden Signal mußte die Fahrgeschwindigkeit über 65 km/h, der Prüfgeschwindigkeit des 500-Hz-Magneten, liegen. Nur dann reagiert das System im Führerstand. Bei geringerer Geschwindigkeit „denkt" das System, der Triebwagenführer habe das Vorsignal beachtet (er hat ja auch die Wachsamkeitstaste bedient) und bremse, um vor dem Hauptsignal anzuhalten. Um am 500-Hz-Magneten die „kritische" Geschwindigkeit von mehr als 65 km/h zu erreichen, benötigen die Züge eine mittlere Beschleunigung von mehr als 1,1 m/s^2, was selten, aber bei der Baureihe 420 möglich ist.
2. Bei einer Entfernung von 300 bis 400 m vom Bahnsteigende bis zum Signal muß aus der Geschwindigkeit von mehr als 65 km/h der Schnellbremsweg von der Lage des 500-Hz-Gleismagneten bis zum Gefahrpunkt zur Verfügung stehen. Bei einer mittleren Verzögerung von 1 m/s^2 werden mehr als 170 m Bremsweg benötigt. Da der

Den Lokomotivführer des D 502 Saalfeld–Stralsund, der am 26. April 1988 zwischen Ferdinandshof und Borkenfriede, Strecke Berlin–Stralsund, am haltzeigenden Signal vorbeifuhrt (1 Toter 28 Verletzte) und mit D 715 Binz–Leipzig zusammenstieß, schützte keine Indusi vor dem Fehlverhalten. Es gab sie hier noch nicht.
Foto: ADN-ZB/Bartocha

Ebenfalls Vorbeifahrt am haltzeigenden Signal war die Ursache dieses Zusammenstoßes zweier Güterzüge am 16. Mai 1987 in Schwarzkollm.
Foto: ADN-ZB/Weisflog

500-Hz-Magnet 150 m vor dem Signal liegt, müßte der Durchrutschweg hinter dem Signal mindestens 20 m betragen. Dies baulich vorzusehen bzw. das Signal entsprechend aufzustellen oder den 500-Hz-Magneten weiter zurückzuverlegen, wäre möglich, sofern dieser dann nicht doch zu nahe am Bahnsteigende läge und durch die noch niedrige Geschwindigkeit der Züge während des Anfahrens wirkungslos bliebe. Aber in der Vorschrift ist keine Mindestlänge der Schutzstrecke vorgeschrieben.[12]

Anders gesagt: Die Gleismagnete innerhalb der Bahnhöfe sind auf die planmäßig durchfahrenden Züge ausgelegt. Auf den seltenen Fall, daß ein haltender Zug dann doch am haltzeigenden Ausfahrsignal vorbeifährt, reagiert der 2 000-Hz-Magnet. Dieser Zwangs-

12 Seiten 22, 23 des Wiese-Gutachtens

halt bedeutet bei heutigen Triebfahrzeugen mit großer Anfahrbeschleunigung nicht, daß der Zug vor dem Gefahrpunkt zum Halten kommt und der Zusammenstoß oder die Flankenfahrt mit dem einfahrenden oder einem anderen ausfahrenden Zug ausgeschlossen wird. Die Zwangsbremsung setzt zu spät ein.

Die Indusi auch derartigen Vorgängen anzupassen, bedeutete, die Abstände Magnet – Signal – Gefahrpunkt zu verlängern. Und das verlangt in vielen Fällen, wegen der Mindestforderung nach zuglangen Gleisen, die Bahnhofsanlagen ebenfalls zu verlängern. Kosten und Bauzeiten kann sich wohl keine Bahnverwaltung leisten.

Gutachter Wiese bemerkte zu der DB-Vorschrift: „Sie kann ... nicht das ganze denkbare Spektrum von Möglichkeiten des Überfahrens von Ausfahrsignalen abdecken."[13] Nicht in jedem Falle könne erreicht werden, daß anfahrende Züge beim haltzeigenden Ausfahrsignal anhalten. Allerdings gäbe es Fälle, besonders wenn der Gefahrpunkt mehr als 50 m hinter dem Signal liege, wo ein 500-Hz-Magnet im Abstand von 150 m vor dem Signal einen Unfall verhindern könne.

Der Staatsanwalt hatte H. vorgeworfen, er hätte den Unfall durch peinlich genaue Beachtung des Ausfahrsignals vermeiden können. Ihm stimmte das Gericht zu: „Der Angeklagte hätte zum Zeitpunkt des Abfahrens sorgfältiger das Ausfahrsignal beobachten müssen." Bleibt es bei den Verhaltensanforderungen und menschlichem Versagen, für das H. übrigens zu zehn Monaten Haft auf Bewährung und zu 2 500 DM Bußgeld verurteilt wurde? Der Landgerichts-Vizepräsident bewertete „das Maß der Schuld sehr gering für den bewußten Moment." Die Hektik des Bahnbetriebs, die Schnelligkeit der geforderten Reaktionen des Lokomotivführers, der Ein und Ausstiege sowie Bordinstrumente und Signalanlagen gleichermaßen beachten muß, und die damit verbundene Verantwortung verstärkten Streß und Belastungen erheblich. Als Triebwagen- oder Lokomotivführer wolle H. nun nicht mehr fahren, war den Zeitungen zu entnehmen.

Die DB beschäftigte sich eingehend mit dem Rüsselsheimer Unfall und der Vorbeugung ähnlicher Abläufe. Auf 700 Punkten werden zusätzliche 500-Hz-Magnete verlegt. Außerdem wird eine Indusi auf elektronischer Basis entwickelt, die auch bei Langsamfahrt oder Zwischenhalt die Warnstellung des Vorsignals nicht „vergißt", sondern den Weg mißt und gegebenenfalls den Zug zwangsweise anhält.

Jederzeit wirksames Sicherungsmittel für derartige Fälle ist die linienförmige Zugbeeinflussung (LZB), wie sie auf Strecken mit hohen Geschwindigkeiten (mehr als 160 km/h) besteht. Mit ihrer Hilfe wird der Lauf der Züge ständig überwacht und die Soll- (entsprechend der Gleisbesetzung bzw. der Signalstellung) mit der Ist-Geschwindigkeit des Zuges verglichen. Sie in Rüsselsheim angewandt, hätte bedeutet, der S-Bahn-Zug wäre nicht weit vom Bahnsteig weggekommen.

Überall die LZB einzubauen, ist allerdings ein Aufwand, der den Bahnverwaltungen zu teuer kommt.

13 Seite 22 des Wiese-Gutachtens

3

Tragischer Irrtum

Noch Monate nach dem Ereignis stand die Unfall-Lokomotive ST 43 387 auf dem Bahnhof Horka.
Foto: Rettig

„Die Staatsmänner sind wie die Chirurgen: ihre Irrtümer sind tödlich", hatte François Mauriac gesagt. In einigen Fällen trifft die Pointe auch auf die Eisenbahner zu. Deren sogenannter dynamischer Stereotyp, das eingeschliffene trainierte Verhalten in typischen Situationen, kann ihnen böse Streiche spielen, in Situationen, die eben nicht das standardisierte, sondern ein ganz anderes Verhalten verlangen. Aber auch aus solcherart entstandenen Katastrophen wurde der Mensch klüger und setzte mit Maßnahmen ein.[14]

DIe Strecke Fulda–Gersfeld (Rhön) wird im vereinfachten Zugleitbetrieb vom Befehlsstellwerk Fulda aus betrieben, ist aber mit Indusi ausgerüstet.[15] Diese Zugsicherung verhinderte trotzdem den Zusammenstoß zweier Züge nicht, weil ihr System in der Regel von der Stellung der Vor- und Hauptsignale abhängt, nicht aber von unveränderlichen Signalen wie der Trapeztafel.

Am 10. Dezember 1987 verließ N 5800, bestehend aus dem Triebwagen 798 695 und dem Steuerwagen 998 838, um 5.18 Uhr Gersfeld (Rhön) in Richtung Fulda. Zu dieser Zeit fuhr dort der Leerreisezug 33 303 ab. Er sollte laut Fahrplan 5.35 Uhr in Lütter sein, wo 4 min später der Nahverkehrszug ankommen sollte.

Für die Kreuzung der Züge war, wie auf den Bahnhöfen solcher Nebenbahnen üblich, folgender Ablauf vorgeschrieben: N 5800 hatte an der Trapeztafel (sie ist der Ersatz des Einfahrsignals) anzuhalten. Dort wartet er auf die Ankunft des Leerreisezuges und erhält von ihm durch ein Signal, ein „K" nach dem Morsealphabet, den Auftrag, in den Bahnhof einzufahren.

Im innerdienstlichen Fahrplan für das Zugpersonal, dem Buchfahrplan, wird für jeden Zug und seine Begleiter (Lokomotiv- bzw. Zugführer) bestimmt, wer auf welchen Betriebsstellen wo zu halten und wer den kreuzenden Zug zu rufen hat, welcher Zug als erster in den Bahnhof nach welchem Gleis fährt und wer welche Meldungen an den Fahrdienstleiter (hier in Fulda) zu geben hat. Das erscheint etwas umständlich, spart aber auf wenig benutzten Strecken das Bahnhofspersonal. Man geht davon aus, daß auf solchen Strecken ein überschaubarer Kreis von Zugpersonal fährt, so daß der in die Besonderheiten der Betriebsführung eingewiesen und ständig auf dem laufenden gehalten werden kann. Kurzum: Das Zugpersonal des Leerreisezugs 33 303 wußte Bescheid. Dem Zugführer T. war nach dem Buchfahrplan der BD Frankfurt (Main)[16] aufgegeben, in Lütter über den Fernsprecher dem Fahrdienstleiter in Fulda die Ankunft des Zuges mitzuteilen. Weiterfahren durfte der Zug erst, wenn N 5800 angekommen war.

Aber der Lokomotivführer B. ließ den Halt im Bahnhof aus und stieß mit dem Nahverkehrszug zusammen, bevor dieser die Trapeztafel erreicht hatte. Er hatte sich geirrt, denn

14 siehe auch Pierich: Die Bahn im Spannungsfeld zwischen Sicherheit und Wirtschaftlichkeit, Eisenbahntechnische Rundschau (30), 4/1981, Seite 328

15 Die Deutsche Bundesbahn rüstete nach den schweren Unfällen in Radevormwald und Schaftlach die Nebenbahnen mit Indusi aus.

16 Nummer 486, Seite 123

nach seinem Fahrplan hatte der Zug in Lütter durchzufahren. Als er in Fulda abfuhr, schlug er den Buchfahrplan auf, aber eine falsche Seite mit einem falschen Zug, und während der Fahrt erkannte der Lokomotivführer diesen Fehler nicht.

36 m nach dem Zusammenstoß kamen die Züge zum Halten, der Triebwagenführer erlitt den Tod. 27 Reisende wurden verletzt, der Sachschaden belief sich auf 500 000 DM. Der Schuldige wurde zu einer Geldstrafe verurteilt.

123

Lr 33303 W Fulda - Gersfeld

Tfz 216 **Last 250 t** **Mbr 60**

Zugleitbetrieb

1	2	3a	3b	4	5	6	7	8	9
Zulässige Geschwindigkeiten ab km	km/h	**Betriebsstellen** verkürzter Vorsignalabstand Geschwindigkeiten auf Signal Hp 2 in km/h Zugbahnfunk (Kanalnummern)	Lage in km	Vor der Trapeztafel hält Zug	Ankunft	Abfahrt	Kreuzung mit Zug	überholt / wird überholt durch Zug	Zuglaufmeldung durch Art
	40	- ZBF A 61 -							
		Fulda Pbf	110,6			5.16			Zf Fa
		Zsig	110.1						
		Fulda Gbf	109,4			18			
108,6		VZ ▽, Zsig	108,6						
	80								
107,7		VZ ▽, Zsig	107,7						
107,0		Asig Fulda	107,0			22			
	60		105,6						
			0,9						
1,2			1,2						
	50								
		Eichenzell Hp	3,6		5.27	27			
		Welkers Hp	6,4			31			
		Rönshausen Hp	7,6						
		Lütter	9,4	5800 W nicht Sa	35	43	5800 W nicht Sa		Zf Ak,Fa W nicht Sa af 5800
		Ried Hp	12,3						
		Schmalnau	13,9		49	49			
		Hettenhsn Hst	16,0		53	53			
		Altenfeld Hp	18,6			5.57			
23,0		Ne 1 ⊢	23,0						
	30	Gersfeld	23,4		6.04				Zf Ak

486

Maßgebendes Blatt des Buchfahrplans, nach dem der Lokomotivführer in Lütter 8 min Aufenthalt und werktags, außer sonnabends, mit Zug 5800 zu kreuzen hatte.

Unfallstelle in Lütter
Foto: Sammlung Wiese

In diesem Gleisbogen nahe dem Bahnhof Lütter stießen die Züge zusammen.
Foto: Sammlung Wiese

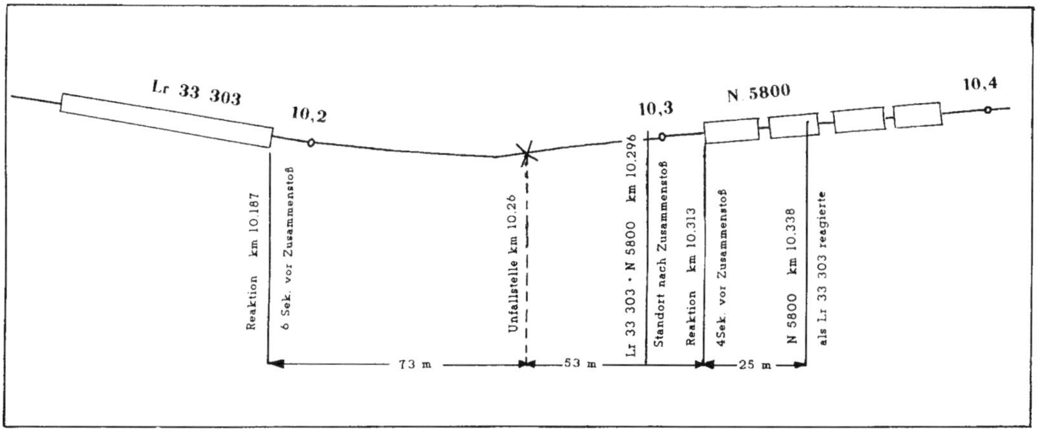

Prinzipdarstellung zum Unfallhergang
Zeichnung: Preuß

Ein Flammenmeer erfaßte am 19. März 1985 die Gleise in Hannover-Empelde. Zwei Güterzüge waren zusammengestoßen, wobei ein mit Benzin gefüllter Kesselwagen ausbrannte. Der Sachschaden belief sich auf über 5 Millionen DM. Auf wunderbare Weise war kein Personenschaden unter den Lokomotivführern zu beklagen, obwohl deren Lokomotiven beschädigt wurden. Einer von ihnen. Oberlokomotivführer B., wurde der fahrlässigen Gefährdung der Bahn angeklagt und zu 4 900 DM Geldstrafe (monatliches Nettoeinkommen seinerzeit 2 400 DM) verurteilt. Die Anklage warf B. vor, am haltzeigenden Signal vorbeigefahren zu sein. Doch der konnte es nicht glauben, er wollte „grün" gesehen haben.

Der mit Kohlen beladene Güterzug Gdg 57 461 war von Marl-Sinsen nach Hameln unterwegs, der andere vom Unfall betroffene Zug, Gag 76 085 mit 20 beladenen Benzin-Kesselwagen, von Hamburg Hohe Schaar nach Kulmbach. Von der Abzweigstelle Hannover-Empelde an sollten die Züge die Strecke Hannover–Hameln befahren. B. war am Ausfahrsignal des Bahnhofs Hannover-Linden vorbeigefahren, vor dem das Vorsignal für das Blocksignal der Abzweigstelle stand, das „Halt erwarten" gezeigt hatte.

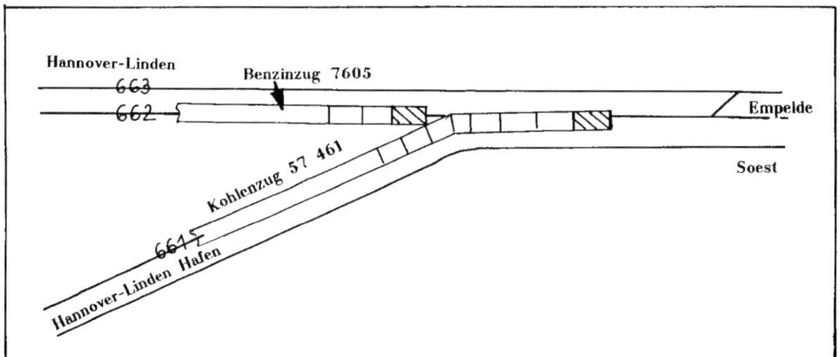

Prinzipdarstellung zum Zusammenstoß bei Hannover-Empelde
Zeichnung: Preuß

Hier waren die 1 000-Hz- und 2 000-Hz-Gleismagnete verlegt. Als B. mit der Lokomotive 140 459 vorbeifuhr, wurde am Hauptsignal „Hp 2" („Fahrt frei mit Geschwindigkeitsbeschränkung"), am Vorsignal „Vr 0" („Halt erwarten") gezeigt, worauf B. mit der Wachsamkeitstaste reagierte als Zeichen, daß er das Signal aufgenommen hatte. Der Zug fuhr aus dem Bahnhof mit 46 km/h Geschwindigkeit. B. ließ den Zug ohne Antriebsleistung der Lokomotive rollen. Nach etwa 500 m Weg beschleunigte er. Das folgende Blocksignal zeigte immer noch „Halt", denn zuerst sollte Gag 76 085, der Benzinzug, in den vorgelegenen Streckenabschnitt eingelassen werden. Der kam von der anderen Strecke, von Hannover-Linden, mit der Lokomotive 150 079 und fuhr mit wenig mehr als 30 km/h, weil an der Bahnhofseinfahrt das Signal „Halt" gezeigt hatte und der Zug fast zum Stillstand gekommen war. Anschließend beschleunigte der Lokomotivführer den Zug auf 60 km/h, bremste ihn bei der Ausfahrt wegen des Signals „Hp 2" auf 32 km/h ab und beschleunigte nach der Ausfahrt wieder auf 60 km/h.

Vorsignal und Hauptsignal der Abzweigstelle Hannover-Empelde zeigten „Fahrt frei". Als sich die Lokomotiven unmittelbar vor den Hauptsignalen befanden, sah der Lokomotivführer den Kohlenzug im Nachbargleis, ohne zu ahnen, daß von ihm eine Gefahr ausging. B. vom Kohlenzug wiederum nahm gar nicht gewahr, daß das für ihn bestimmte Blocksignal „Halt" zeigte und das auf Fahrt stehende dem Zug im Nachbargleis galt. Etwa 15 s lang beobachtete der Lokomotivführer des Benzinzugs den noch parallel fahrenden Kohlenzug und legte indessen 200 bis 250 m zurück. Dann schaltete er die Leistung der Lokomotive ab und bremste. Er hatte begriffen, daß es zum Zusammenstoß kommen mußte.

Inzwischen war das ihm geltende Blocksignal auf „Halt" gefallen, da der Kohlenzug die Weiche der Abzweigung aufgefahren hatte, der 2 000-Hz-Magnet wirkte nun auch beim Benzinzug. Dessen Beeinflussung überlagerte die vom Lokomotivführer eingeleitete Vollbremsung. Als der Kohlenzug bereits hielt, fuhr die Lokomotive des Benzinzuges mit 30 km/h dem fünften Wagen in die Flanke mit den bereits beschriebenen Folgen.

Warum hatte der Lokomotivführer B. das Hauptsignal mißachtet? Nachdem er das warnende Vorsignal aufnahm und, wie erwähnt, die Wachsamkeitstaste betätigte, sah er zum Hauptsignal. Die Strecke verlief in einem Rechtsbogen, bei dessen Durchfahren nacheinander folgende Signalbilder erschienen: das auf Fahrt stehende Blocksignal für den Benzinzug, links davon das haltzeigende Signal für ihn, nach 300 m der Vorsignalwiederholer („Fahrt frei zu erwarten!") für den Benzinzug, der Vorsignalwiederholer in Warnstellung an einem anderen Gleis für ein den Kohlenzug nicht betreffendes Signal. Nach 50 m, 340 m vor dem Hauptsignal, verdeckte das dem Kohlenzug geltende haltzeigende Signal das „Fahrt frei" zeigende für den Benzinzug. Zumindest von dieser Stelle an hätte B. reagieren müssen, denn jetzt mußte er das haltzeigende Signal für seinen Fahrweg erkennen. Ganz eindeutig wurden die Signalstandorte und Signalbilder 250 m vor dem Hauptsignal. Hier lag der 500-Hz- (der Überwachungs-) Magnet, der wegen der Haltstellung des Signals die Fahrzeugeinrichtung auslösen mußte, hätte B. bei Dienstantritt die Indusi auf der Lokomotive richtig eingestellt! B. war zudem derart auf das „Fahrt frei"-zeigende

Luftaufnahme von der Unfallstelle, links hinten der Benzinzug, vorn die Lokomotive des Kohlenzuges
Foto: Sammlung Wiese

Die Folgen der Flankenfahrt an der Lokomotive 150 079
Foto: Wiese

Signal fixiert, daß er seinen Irrtum nicht erkannte. Der 2 000-Hz-Magnet am Signal brachte den Zug zum Halten.

Daß er dennoch über den Gefahrpunkt hinaus- und damit in die Fahrstraße des Benzinzugs geriet, lag an mehreren mißlichen Umständen. Zuerst am Irrtum, das grün zeigende Signal gelte ihm. Die vorher aufgenommene Warnstellung des Vorsignals hätte ihn besonders aufmerksam lassen müssen, zumal zur Streckenkenntnis nicht nur die Kenntnis gehört, wo welche Signale zu erwarten sind, sondern ebensogut, wo welche Signale nicht erwartet werden dürfen, daß z. B. an diesem Gleis kein Vorsignalwiederholer steht. Das vorher aufgenommene Vorsignal galt eben so lange, bis zweifelsfrei das Hauptsignal erkannt wurde. Das gebot nicht allein die Logik, die Vorschrift gebot die besonders aufmerksame Beobachtung der folgenden Signale nach einem Vorsignal in Warnstellung.[17] B. aber dachte, das (für ihn gar nicht gültige) Signal sei verspätet freigegeben worden, und beschleunigte den Zug auf 50 km/h.

Warum wirkte der 500-Hz-Gleismagnet nicht entsprechend, der doch durch die Geschwindigkeitsprüfung darüber wachen soll, daß der Lokomotivführer die Geschwindigkeit des Zuges auch wirklich herabsetzt? Das lag am zweiten Fehler des Lokomotivführers B., der mit einem Irrtum nicht zu erklären ist, den er bewußt beging. Der Lokomotivführer kann die Indusi in die Stellung „M" oder „U" einstellen. Vorgeschrieben war wegen der (langsam wirkenden) Bremsen in der Stellung G die Indusi-Stellung „U".[18]

Der 500-Hz-Magnet spricht bei haltzeigendem Signal und Stellung „U" der Lokomotive an, wenn der Zug mit mehr als 40 km/h über ihn fährt. Bei der Stellung „M" toleriert er Geschwindigkeiten bis zu 50 km/h, geht man doch davon aus, daß ein Zug mit schnellwirkenden Bremsen bei dieser Geschwindigkeit bis zum Haltsignal noch anhalten kann und wird. B. fuhr mit 50 km/h und blieb damit bei der Geschwindigkeit, die der Magnet toleriert. Der Gutachter rechnete der Polizei vor, daß bei richtiger Zugartstellung der Indusi der Unfall „sicher vermieden" worden wäre.

Weil die Indusi angeblich in der Stellung „U" keine akustischen Signale gab, hatte B. die falsche Stellung „M" gewählt, was der Gutachter als Schutzbehauptung bezeichnete mit dem Hinweis, die Hupe arbeite in einem Stromkreis zusammen mit der Stromversorgung des Leuchtmelders und sei völlig unabhängig von den Stromkreisen, die durch den Zugartschalter umgeschaltet werden.[19] Hinzu kam: B. befuhr bei der Ausfahrt aus dem Betriebswerk Wanne-Eickel nicht die Prüfstrecke, so daß er weder das Funktionieren der Hupe prüfte noch deren Auswechslung verlangte.

Gut zwei Jahre später, am 30. April 1987, kam der Bahnhof Ansbach wegen eines großen Unfalls mit gleicher Ursache in die Schlagzeilen: Irrtum über das zutreffende Signal.

17 § 48 Abs. 1a der DS 408 der DB

18 § 4 Abs. 1 der DS 483 der DB

19 Gutachten von Eberhard Wiese für die Polizeidirektion Hannover

Der gerammte Gepäckwagen, der nun von den Ansbacher Gleisanlagen herunterhing.
Foto: Kriminalpolizei Ansbach

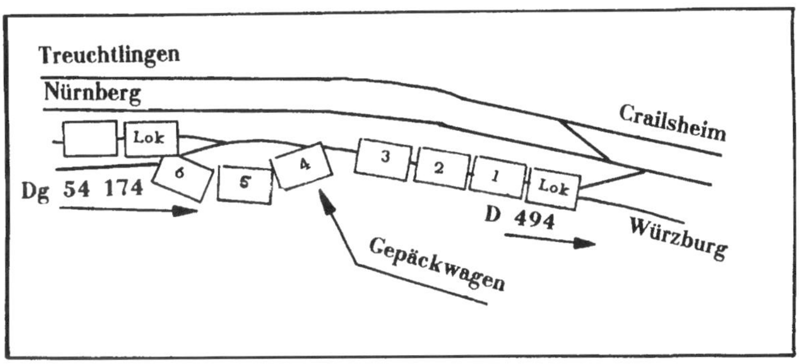

Prinzipskizze zum Unfall in Ansbach
Zeichnung: Preuß

Um 9.38 Uhr kam der D 494 Hof–Straßburg, gezogen von der Lokomotive 110 179, auf dem fränkischen Bahnhof an. Das Ausfahrsignal N 2 wurde auf Fahrt gestellt, doch die Abfahrt verzögerte sich, weil noch Gepäck zu entladen war. 9.42 Uhr, mit 2 min Verspätung, fuhr der Zug auf Gleis 2 in Richtung Crailsheim ab.

Zu dieser Zeit näherte sich Dg 54 174 Ingolstadt Gbf–Gremberg dem Bahnhof, der in Ansbach erst 9.44 Uhr durchfahren sollte. Da der Schnellzug ohnehin zuerst auszufahren hatte, mußte der Güterzug im Bahnhof anhalten. Doch der Lokomotivführer B. auf der Lokomotive 150 133 hielt nicht an und fuhr in der Weiche 107 dem Schnellzug in die Flanke, dessen letzte drei Wagen die Böschung bzw. die Stützmauer hinabfielen. Ein Reisender wurde getötet, 50 verletzt.

Auch hier behauptete der Lokomotivführer, das grüne Licht (Signal „Hp 1“) des Ausfahrsignals gesehen zu haben. Dann plötzlich „Hp 00“. War das Signal etwa „eingeschlagen“ worden und der Lokomotivführer am Unfall schuldlos?

Glücklicherweise stand auch hier der Registrierstreifen der Indusianlage zur Rekonstruktion der Zugfahrten zur Verfügung. Dieses und die Prüfung der Sicht auf die Signale waren für die Ursachenermittlung wichtig, nicht, ob das Stellwerk des Bahnhofs Ansbach richtig funktionierte, ob das dort befindliche Drucktastenstellwerk (SpDr L 30) wegen eines Signalfehlers etwa beide Ausfahrten zugelassen habe. Das wurde vom Sachverständigen strikt und überzeugend verneint. Auch hier war, wie im Falle Rüsselsheim (siehe 2. Abschnitt) der 500-Hz-Überwachungsmagnet im Gleis 3 nicht verlegt worden.

Der Lokomotivführer dieses über Gleis 3 fahrenden Zuges hatte folgende Sicht auf das ihn betreffende Ausfahrsignal N 3: 800 m vor dem Standort entzog es sich durch ein Bahnsteigdach dem Blick. 660 m zuvor erschien neben dem Signal N 3 das auf Fahrt gestellte Signal N 2, von 600 m an mitunter auch nur das Signal N 2. 300 m vor Signal N 3 war das Signalbild „eindeutig und unverwechselbar“, so der Gutachter.[20] Der Lokomotivführer hatte sich bei der Signalbeobachtung geirrt, indem er, als er einen Augenblick das Ausfahrsignal N 2 („grün“!) sah, es als für sich gültig ansah und es an der weiteren Beobachtung des Signals N 3 fehlen ließ.

Wie verhielt sich B.? Bei der Einfahrt in Ansbach zeigte das Einfahrsignal B „Fahrt frei“, das dabei aufgestellte Ausfahrvorsignal „Vr 0 – Halt erwarten“. Das quittierte er mit der Wachsamkeitstaste und bremste den Zug von 80 auf 58 km/h ab. Dann beschleunigte er, bis der 2 000-Hz-Magnet des haltzeigenden Ausfahrsignals wirkte und die Bremse einsetzte. 130 m vor dem Magnet hatte der Lokomotivführer das Führerbremsventil in die Schnellbremsstellung gebracht, denn in diesem Moment erkannte er offenbar die Haltstellung des ihn betreffenden Signals (fast 200 m vorher hätte er es sehen müssen!). Mit 20 km/h Geschwindigkeit stieß er mit dem Schnellzug zusammen.

Im Fall Ansbach sind es zwei Versäumnisse, die nicht zwingend zum Unfall führen mußten, aber den Irrtum des Lokomotivführers nicht korrigierten:

1. In Ingolstadt, Tauberfeld, am Selbstblocksignal 437, in Treuchtlingen und in Gunzenhausen beeinflußten 1 000-Hz-Gleismagnete die Indusi der Lokomotive, obwohl die Signale „Fahrt frei“ zeigten. Daraufhin stellt B. die Zugartstellung von, wie vorgeschrieben, „U“ (für Güterzüge mit langsamwirkender Bremse) auf „M“ um. Deswegen reagierte die angehängte Geschwindigkeitsprüfung der Indusi-Anlage auf der Lokomotive nicht bei 50 km/h, sondern erst bei 75 km/h. Als B. noch 26 s nach Betätigen der Wachsamkeitstaste mit 67 km/h fuhr, wurde er nicht gebremst, „meinte“ doch die Indusi, bei schnellwirken-

20 Gutachten vom 6. Juli 1987 – 7 Js 3621/87 für die Staatsanwaltschaft beim Landgericht Ansbach, Seite 27

21 DS 818 der DB: Ausrüstung der Strecken und Triebfahrzeuge mit induktiver Zugbeeinflussung vom 15. September 1982, Seiten 13 119, 13 120, Anlage 13

22 Süddeutsche Zeitung vom 2. Mai 1987

den Bremsen komme der Zug noch bis zum Ausfahrsignal zum Halten. Bei Stellung „U" hätte die Zwangsbremsung früher eingesetzt.

2. Dort, wo ein 500-Hz-Überwachungsmagnet hätte liegen müssen, fuhr der Güterzug mit 58 km/h. Auch bei der – falsch eingestellten – Zugartstellung „M" hätte der Zug hier die Zwangsbremsung erfahren, da dieser Magnet auf alle Geschwindigkeiten über 50 km/h reagiert, wenn das zugehörige Hauptsignal „Halt" zeigte.

Dieser 500-Hz-Magnet ist beim Bau des Gleisbildstellwerks nicht verlegt worden, weil nach der Vorschrift[21] die Strecken nur im Zusammenhang mit signaltechnischen Umbau- und Erneuerungsarbeiten nachgerüstet werden müssen. Was Umbau- und Erneuerungsarbeiten sind, bestimmt die Behörde. Und der war offenbar entgangen, daß hier ein solcher Fall vorlag.

Die Zeitungen schrieben dazu, menschliches Versagen sei die Ursache des Unfalls gewesen, und ein Sprecher der BD Nürnberg erklärte, „der Fahrer des Güterzugs sei mit den Gegebenheiten im Ansbacher Bahnhof sehr gut vertraut gewesen. Deshalb könne man sich nicht vorstellen, daß ihm ein auf Halt stehendes Signal auf seinem Schienenweg entgangen sein könnte."[22] Entgangen war es ihm nicht, aber geirrt hatte er sich.

Am 3. Dezember 1988 erreichte die Tagesschicht der Deutschen Reichsbahn ihren Arbeitsplatz in Wegliniec nicht. Zwischen Horka und Bielawa Dolna erschütterte ein Stoß den aus einer Lokomotive der Baureihe 110 und zwei Personenwagen bestehenden Dienstpersonenzug. Die PKP-Diesellokomotive drückte diesen Zug zur Seite, fünf der hinter ihr laufenden Kohlenwagen verschachtelten sich. Der Lokomotivführer der Polnischen Staatsbahnen, zwei auf dem Führerstand Mitfahrende, die dafür keine Berechtigung besaßen, und fünf DR-Eisenbahner wurden getötet. Ursache: Vorbeifahrt am haltzeigenden Ausfahrsignal von Bielawa Dolna. Die Gerüchte hielten sich, die Bremsprobe sei gar nicht oder schlampig ausgeführt worden. (Weitere Abb. dazu auf S. 23 und 34)
Fotos: ADN-ZB/Häßler

Horka, 3. Dezember 1988

Unfallstelle Altenbeken in Höhe der Weiche 82, wo es zur Flankenfahrt kam
Foto: Kreispolizeibehörde Paderborn

Ein Irrtum gleicher Art in den frühen Morgenstunden des 23. März 1985 auf dem Bahnhof Altenbeken: Sch. fuhr mit der Rangierlokomotive von Gleis 7 der Nordseite des Bahnhofs nach Gleis 23 der Südseite, wo der ihn begleitende Rangierleiter S. in Bahnsteighöhe abstieg. Anschließend sollte Sch. mit der Lokomotive und den Wagen als Übergabezug 67 861 ausfahren und erhielt dazu die „Papiere", wie man im Eisenbahnerjargon über ein Paket von Wagenliste und Frachtbriefen spricht. Bei diesem Vorgang ermäßigte der Lokomotivführer die Fahrt fast bis zur Schrittgeschwindigkeit und beschleunigte, um das Ausfahrsignal V 23 erkennen zu können. Von einem bestimmten Punkt an sah er das Signal V 22 und hielt es für das für ihn gültige. Er beschleunigte weiter, sah nicht das Ausfahrsignal V 23, das „Halt" zeigte. Von ihm bzw. dem 2 000-Hz-Indusi-Magneten erhielt die Lokomotive die Zwangsbremsung aus der Geschwindigkeit von 28 km/h. In der Spitze der Weiche 82 kam der Zug zum Stehen. 16 s später fuhr Dg 53 803 auf.

Dessen Lokomotivführer hatte das Ausfahrvor- und das Ausfahrsignal auf Fahrt gesehen. Kurz bevor er letzteres erreichte, fiel es von „grün" auf „rot". Der Lokomotivführer begann zu bremsen, fuhr dennoch 60 m hinter dem Ausfahrsignal mit 74 km/h auf den Übergabezug.

Ein falscher Handgriff, wie oft mag es dazu kommen? Absicht und Tat fallen auseinander. Das als die eigentliche Ursache des schweren Unfalls, von dem die Österreichischen Bundesbahnen am 30. August 1989 zwischen Bregenz Hbf und Wolfurt betroffen wurden. Doch darüber wußte naturgemäß zum Zeitpunkt des Unfalls niemand etwas, und die Zeitungen klärten ihre Leser auch später nicht auf. In der Schlagzeile „Die Todesfahrt des IC ‚Bavaria'" steckte die Sensation.[23] „Der Vorarlberger Landesrat Siegfried Gasser erlebte die Kollision im ‚Montfort'-Expreß. Er sitzt in einem der hinteren Wagen, bleibt unverletzt. ‚Es war, als ob der Zug unversehens auf einen Prellbock aufgefahren wäre', berichtete er später. ‚Koffer und Taschen wurden aus den Gepäckablagen geschleudert. Ich rannte sofort hinaus, um nach Opfern zu schauen. Alles war still. Zwei tote Züge. Niemand hat geschrien.' (...) Für den Maschinenschlosser Alfred Rainer Heller (48) aus dem Dorf Bodolz bei Lindau kommt die Hilfe zu spät. Er hat in seinem zusammengepreßten Abteil so schwere Quetschwunden erlitten, daß er in den Armen der Feuerwehrmänner stirbt." Auch andere Reisende sind „in den bananenförmig verbogenen Waggons eingeklemmt", wie die gleiche Zeitung schrieb. Menschliches Versagen sei die Erklärung der ÖBB für die Ursache gewesen, erklärten die Zeitungen.

Eine Zeitschrift[24] für Eisenbahnkundige wunderte sich, „daß schon wieder ein Reisezugwagen des Typs ‚neue Generation' in besonders auffallender extremer Form abgeknickt wurde. Eine Erscheinung, die bei ähnlichen Anlässen schon mehrmals in gleicher Art zu bemerken war und bei keiner anderen Wagentype Vergleichsbeispiele bekannt sind."

Die ÖBB-Fachleute werden gewiß außer über unfallmindernde Wagen (immerhin wur-

23 Hamburger Abendblatt vom 31. August 1989

24 „Eisenbahn", Wien, 9/1989, Seite 187

den 289 Personen verletzt) zuerst über die Ursache des Zusammenstoßes zweier Züge auf freier Strecke geforscht haben, zumal – was bei solchen Unfällen äußerst selten ist – beide Züge „auf Signal" in das Streckengleis eingelassen worden sein sollen.

Deshalb zuerst einige Anmerkungen zur Betriebsführung. Der Unfall ereignete sich im Dreiländereck Österreich, Deutschland, Schweiz, genaugenommen im Vierländereck, denn das Fürstentum Liechtenstein gehört dazu. Die Züge fahren von Bludenz nach Feldkirch und, sofern sie die Richtung Liechtenstein–Schweiz nehmen, über Schaan-Vaduz zum Grenzbahnhof Buchs, in Richtung Deutschland von Feldkirch über Wolfurt nach Bregenz–Lindau oder in die Schweiz auf einem anderen Weg: von Feldkirch über Wolfurt zum Grenzbahnhof St. Margrethen. Von Lindau–Bregenz wiederum ist es möglich, nach St. Margrethen zu gelangen, wozu die Abzweigstelle Lauterach Nord dient.

Unfallstelle bei Bregenz
Foto: AP

Die Gewalt des Zusammenstoßes nahmen vor allem die beiden hinter den Lokomotiven laufenden Wagen auf. Der SBB-Wagen knickte seitlich gleich einem U aus.
Foto: Sammlung Wiese

Streckenführung im Dreiländereck am Bodensee
Zeichnung: Preuß

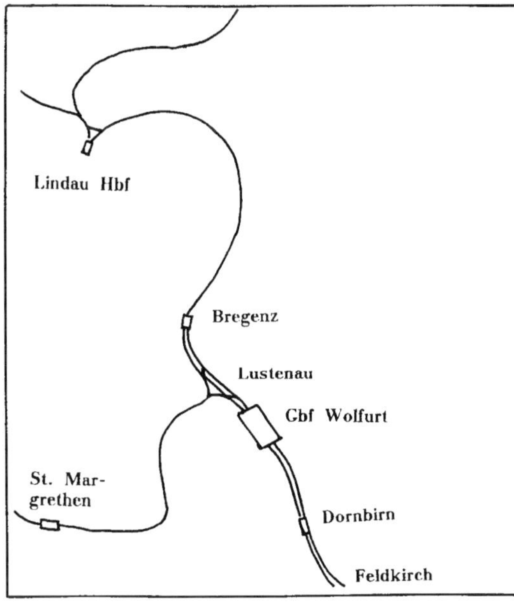

Für den Ablauf des Zusammenstoßes des EC 99 „Bavaria" Zürich–München mit dem Ex 167 „Montfort" Bregenz–Wien Westbf ist nur der Abschnitt Lauterach Nord–Bregenz von Belang, der zweigleisig ist und im Normalfall im Rechtsbetrieb befahren wird. Für die Ausnahmen war signalisierter Gleiswechselbetrieb möglich. Da sich der Fahrplan beider Züge nur so gestalten ließ, daß sich im Rechtsbetrieb beide Züge bei der Abzweigstelle behindert hätten, sah man den Gleiswechsel bzw. das Linksfahren vor. Der EC nach München – Abfahrt in St. Margrethen 8.33 Uhr, Durchfahrt Abzw Lauterach Nord 8.44 Uhr, Ankunft in Bregenz 8.47 Uhr – fuhr also auf dem Gleis 1 (Wolfurt–Bregenz) und der Ex nach Wien – Abfahrt in Bregenz 8.43 Uhr, Durchfahrt in Lauterach Nord 8.46 Uhr, Ankunft in Dornbirn 8.51 Uhr – über Gleis 2. Normalerweise hatte der Ex 167 aus Gleis 2 in Bregenz auszufahren, um Unfalltag war es Gleis 3. Das ging täglich anstandslos ab, solange die Sicherungsanlagen funktionierten. Seit dem 23. August 1989 waren jedoch in Bregenz wegen der Umschaltarbeiten an den Signalen[25] die Streckenblockeinrichtungen außer Betrieb gesetzt worden, denn die Fahrdienstleiter sollten in das neue Bahnhofsgebäude umziehen. Die Ausfahrsignale von Bregenz in Richtung Bludenz ließen sich auf Fahrt stellen, unabhängig davon, ob die vorliegenden Streckengleise besetzt waren oder nicht. Gesichert wurden die Züge, indem sie zwischen den Fahrdienstleitern von Bregenz und Wolfurt angeboten, angenommen und zurückgemeldet wurden. Für Ex 167 hatten die Fahrdienstleiter die Fahrt über das Streckengleis 2 vereinbart. In Bregenz hörte der Fahrdienstleiter (außen)[26] diese Zugmeldung mit und durch Kopfnicken des Fahrdienstleiters

25 Betra (Bau- und Betriebsanweisung) Nummer 19

26 So bezeichnet man bei den Bahnverwaltungen in der ehemaligen k. k. österreichisch-ungarischen Monarchie die Aufsicht.

(innen) gab dieser seinem Kollegen (außen) zu verstehen, er möge den Bahnhofsblock bedienen. Gewiß hätte es dazu eines exakten mündlichen Auftrags bedurft. Dieses Eingespieltsein, das nicht vieler Worte bedurfte, verhinderte nicht die falsche Handbewegung, für diesen Expreßzug den blockelektrischen Auftrag für die Fahrstraße nach dem Streckengleis 1 zu geben, und der Stellwerkswärter unternahm nichts gegen diesen Irrtum, obwohl der Auftrag vom Fahrplan abwich.

Als der Zug ausgefahren war und der Innen-Fahrdienstleiter das Auflösefeld der „richtigen" Fahrstraße blockte, ließ es sich nicht bedienen. Jetzt fiel ihm der Fehler seines Kollegen auf. Über den Disponenten der Zugleitung in Innsbruck versuchte er mit Hilfe des Zugfunks, den Zug anzuhalten.

Kurz bevor der Lokomotivführer des Expreßzugs den entgegenkommenden EC der Gegenrichtung sehen konnte, erreichte ihn dieser Ruf. Trotz Schnellbremsung beider Lokomotivführer kam es in km 11,850 zum Zusammenstoß der Züge.

Neben dem einen Toten erlitten 36 Reisende schwere Verletzungen. Der Sachschaden war beträchtlich. Das Landesgericht in Feldkirch beschäftigte sich nicht allein mit der Schuld der beiden Fahrdienstleiter und des Wärters, sondern auch damit, wieso der Zugfunk keine Hilfe brachte und ob es den beiden Lokomotivführern nicht möglich gewesen wäre, früher anzuhalten oder zumindest die Wucht des Zusammenstoßes zu mindern.

Die den EC 99 führende Lokomotive Re $^{4}/_{4}$, Nummer 11 197, der SBB war mit der SBB-Indusi ausgerüstet, die auf den Gleisen der ÖBB nicht wirkte. Die ÖBB-Indusimagnete beeinflußten nicht die SBB-Fahrzeugmagnete. Deshalb funktionierte lediglich die Registriereinrichtung, der Zug wurde aber nicht zwangsweise vor haltzeigenden Signalen selbsttätig angehalten. Das war ohne Belang, denn EC 99 fuhr im Abschnitt Lauterach Nord–Bregenz an keinem Signal vorbei, das die Warn- oder Haltstellung zeigte, Ex 167 ebenfalls nicht.

Dieser Expreßzug fuhr mit der ÖBB-Lokomotive 1044.023, die vor dem Unfall die Geschwindigkeit von 81 km/h erreichte, mit 36 km/h kam es zum Zusammenstoß. Der EuroCity fuhr etwas über 80 km/h und stieß mit 39 km/h zusammen. Der bestellte Sachverständige rechnete dem Gericht bestimmte Intervalle und die damit verbundenen Handlungen der beiden Lokomotivführer sowie die Standorte der Züge vor.[27] Doch Aufschluß über die Vermeidbarkeit des Unfalls konnten diese Ausführungen nicht bringen, dazu halfen zwei Fahrten am 23. Februar 1990, mit deren Hilfe die Sichtverhältnisse festgestellt und durch Fotografien und Videoaufnahmen belegt wurden. Danach war den Lokomotivführern kein Vorwurf etwa wegen späten Reagierens zu machen. Sie hatten zum frühestmöglichen Zeitpunkt die Schnellbremsung bedient.

Wie war die Bedienung des Zugfunks zu bewerten? Der Fahrdienstleiter besitzt bei den ÖBB ein Dispo-Telefon und eine Standleitung zur Zugleitung. Hebt der Fahrdienstleiter den Hörer ab, ist er sofort mit dem Disponenten über eine Freisprechanlage verbunden. Der

27 Gutachten von Eberhard Wiese, Leverkusen, vom 3. April 1990

Fahrdienstleiter kann den Haltauftrag durchgeben, und der Disponent tastet in die Zugfunkanlage an seinem Arbeitsplatz die Zugnummer des anzuhaltenden Zuges ein. Wenn er den Nothaltauftrag für einen Zug auslösen will, muß er danach die Sprechtaste sowie die Starttaste drücken und den Haltauftrag durchgeben. Soll der Nothaltauftrag an alle gegeben werden, drückt der Disponent eine Sammelruftaste. Voraussetzung ist jedoch, daß die Lokomotiven mit Zugfunkgeräten ausgestattet sind. In diesem Fall besaß die SBB-Lokomotive kein auf ÖBB-Strecken kompatibles Gerät, war also nicht erreichbar. Der Notruf konnte sich nur an den ÖBB-Lokomotivführer richten. Der Fahrdienstleiter konnte außerdem über eine Nottaste den Nothalt-Auftrag an die Lokomotivführer aller Züge der zugeteilten Strecke auslösen. Das wäre die beste Möglichkeit gewesen, den ÖBB-Lokomotivführer zu warnen.

Das gelingt prinzipiell nur dann, wenn die Lokomotiven mit Zugfunk ausgestattet sind und der richtige Kanal eingeschaltet wurde. Außerdem hatte der Fahrdienstleiter schlechte Erfahrungen mit dem „Direktruf" – bei solchen Anrufen in der Vergangenheit war die Leitung besetzt. Als der Sachverständige und neun Herren vom Richter bis zu den Beschuldigten am 23. Februar 1990 im Anschluß an die Besichtigungsfahrt vom Fahrdienstleiterraum aus versuchten, die Zugfunkanlage zu bedienen, gelang es nicht, den Zug sofort zu erreichen.

Da bei der Zugleitung Innsbruck sämtliche Zugfunkgespräche gespeichert werden, wurde versucht, das fragliche Gespräch kurz vor dem Unfall auszuwerten. Die Aufzeichnungsqualität erwies sich zwar als schlecht, doch das Nothaltgespräch war einwandfrei zu verstehen. Vom Zustandekommen der Gesprächsverbindung bis zum Zusammenstoß vergingen 16 bis 17 s. Da der Lokomotivführer, wie der Registrierstreifen zeigte, 13 s vor dem Zusammenstoß mit der Schnellbremsung begann, ist klar, daß er bereits 3 bis 4 s nach Beginn des Gesprächs reagierte. Der Sachverständige kam in seiner „Vermeidbarkeitsbetrachtung" zu dem Schluß, die Züge wären bei gleichzeitiger Warnung beider Lokomotivführer gerade voreinander zum Stehen gekommen, allenfalls hätte es nur einen Anstoß mit geringster Geschwindigkeit gegeben. Die erheblichen Folgen wären vermeidbar gewesen.

Einem Irrtum unterlag die Fahrdienstleiterin des Bahnhofs Edle Krone (Strecke Dresden–Werdau) am 11. April 1982. Hier stieß ein Güterzug mit einer vor dem Einfahrsignal haltenden Lz zusammen. Zwei Güterwagen entgleisten, die Lokomotiven 242 285 und 250 150 wurden erheblich beschädigt, beide Streckengleise waren für mehrere Stunden gesperrt.

Die zweigleisige Hauptbahn zieht sich durch das Weißeritz- und Serenbachtal und bringt es zwischen Tharandt und Klingenberg-Colmnitz, den benachbarten Bahnhöfen, auf eine durchschnittliche Steigung von 1:50, stellenweise sogar von 1:45. Um sie zu überwinden, mußten bis zur Elektrifizierung der Strecke im Jahre 1963 sämtliche Züge nachgeschoben werden. Die in Tharandt angesetzten Schiebelokomotiven schoben bis zum Ein-

Strecke Tharandt–Klingenberg–Colmnitz
Zeichnung: Preuß

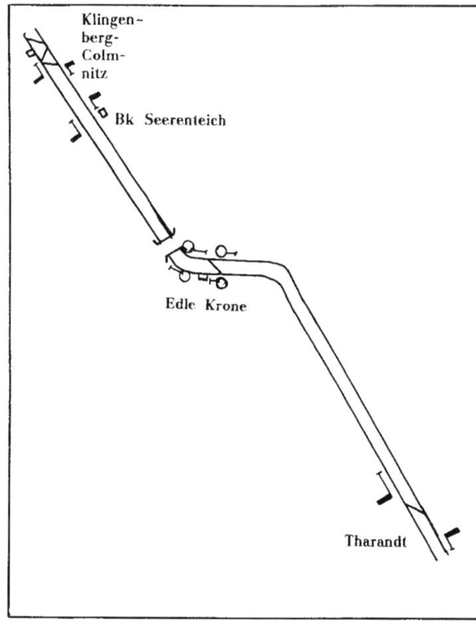

fahrsignal von Klingenberg-Colmnitz, lösten sich dort mit Hilfe der Kellerschen Kupplung vom fahrenden Zug und fuhren zurück nach Tharandt.

Mit elektrischen Lokomotiven nachzuschieben, ist wegen möglicher Kommutatorschäden beim Anfahren nicht gestattet. Reisezüge benötigten auch keine Schiebelokomotiven mehr. Güterzüge erhalten eine Vorspannlokomotive. Allerdings muß der Zug in Klingenberg-Colmnitz anhalten, die Vorspannlokomotive wechselt nach einem freien Gleis und fährt zurück nach Tharandt. In den achtziger Jahren kam noch eine Anzahl von Lz auf dieser Strecke hinzu, die zur Radsatzdrehbank ins Bw Karl-Marx-Stadt fuhren. Außerdem fuhren die Züge auf dieser Strecke unpaarig, so daß die Häufung von Lz nicht außergewöhnlich war. Am Unfalltag fuhren in kurzem Abstand vier Lz in Klingenberg-Colmnitz ab. Die erste löste aus irgendeinem Grunde die Streckentastensperre bei der Einfahrt von Edle Krone nicht aus. Jene Streckentastensperre hat den Sinn, bei der Streckenblockbedienung die Mitwirkung des Zuges zu erzwingen. Scheinbedienungen sollen unterbunden werden. Der Fahrdienstleiter kann mit seiner Blockbedienung den rückgelegenen Blockabschnitt nur freigeben, wenn

- der Zug über die Zugeinwirkungsstelle gefahren ist,
- die Streckentastensperre auslöste,
- das Einfahrsignal in die Haltstellung gebracht wurde.

Die Einrichtung ist ziemlich sicher, der Fahrdienstleiter (oder Blockwärter) muß nur darauf achten, daß der Zug auch wirklich mit Zugschluß einfuhr (vorüberfuhr), weil ja erst dann gesichert ist, daß der Streckenabschnitt geräumt wurde.

Löst die Streckentastensperre nicht aus, kann der Fahrdienstleiter in das Blockwerk nicht eingreifen, es gibt – aus schlechten Erfahrungen der Vergangenheit – seit langem dafür auch keine Hilfsauflösevorrichtung mehr. Dann ist es nur möglich, das Rückmelden einzuführen, der Blockabstand der Züge hat sich nach dem Rückmelden zu richten, am Ausfahrsignal (Blocksignal) des rückgelegenen Bahnhofs (Blockstelle), das nicht in die Fahrtstellung gebracht werden kann, fährt der Zug auf Befehl oder Ersatzsignal vorbei.

Die Fahrdienstleiterin hatte nach der Störung das Rückmelden eingeführt und meldete der Blockstelle Serenteiche Lz 1 zurück. Ihr folgte Lz 2, die die Streckentastensperre auslöste. Die Fahrdienstleiterin brachte das Einfahrsignal in die Haltstellung und meldete Lz 2 zurück. Zusätzlich bediente sie den Streckenblock, was jetzt wieder möglich war (und erst nach einer Zugfahrt mit ordnungsgemäßer Blockbedienung durfte das Rückmelden aufgehoben werden). Bevor sie mit dem Rückblocken begann, ließ der Blockwärter in Serenteiche Lz 3 auf Ersatzsignal weiterfahren. In diesem Augenblick ging die Rückblockung von Lz 2 ein. In Edle Krone stellte die Fahrdienstleiterin die Einfahr- und Ausfahrsignale auf Fahrt. Auch bei Lz 3 funktionierte die Streckentastensperre. Wieder stellte die Fahrdienstleiterin das Einfahrsignal auf „Halt" und meldete Lz 3 zurück.

Sie konnte aber nicht zurückblocken, weil Serenteiche diese Lz nicht vorgeblockt hatte. Dort war aber durch das Zurückblocken der Lz 2 der Hebel des Blocksignals freigegeben, und so ließ der Blockwärter Lz 4 „auf Signal" fahren.

Daß hier ein „zusätzlicher Zug" im Spiel der Blockbedienungen war, wäre nicht aufgefallen, hätte sich in Edle Krone nicht eine neue Störung eingestellt. Dort folgte bei der Durchfahrt der Lz 4 nicht das Signalbild (Lichtsignal) der Hebelbewegung. Da die Fahrdienstleiterin von ihrem Platz aus das Signal nicht sehen konnte, mußte sie auf den Signal-Fahrtmelder, eine rote Meldelampe, achten. Sie zeigte das Signal „Hl 13 – Halt" an, obgleich der Hebel in der Fahrtstellung war.

Jetzt meldete Klingenberg-Colmnitz die Durchfahrt eines Güterzugs voraus, die Fahrdienstleiterin sah auf das Hebel- und Blockwerk und kam zum dem Ergebnis, Lz 4 sei durchgefahren. Das Signal war in der Haltstellung, und die Streckentastensperre hatte ausgelöst.

Daß diese Konstellation überhaupt möglich wurde, war dem Blockwärter in Serenteiche zu „danken", der Lz 3 nach der Rückmeldung der Lz 2 abgelassen hatte, ohne die Rückblockung abzuwarten. Unkorrekt verhielt er sich nicht, schrieben doch die Fahrdienstvorschriften vor, daß maßgebend für die Zugfolge das Rückmelden ist.

In Edle Krone ging die Vorblockung für den Güterzug ein, und die Fahrdienstleiterin stellte die Signale für die Durchfahrt. Der immer noch vor dem Einfahrsignal wartende Lokomotivführer der Lz 4 bemerkte nicht, daß das Signal jetzt „grün" zeigte. Dafür sah der Lokomotivführer des Güterzugs am Vorsignal, daß er das Signal „Hl 1 – Fahrt frei" erwarten konnte.

Der Vorwurf, die Fahrdienstleiterin habe nicht die Vorbeifahrt der Züge aufmerksam verfolgt, war zweifellos berechtigt. Auch dieser Irrtum mußte nicht sein.

4

Das Privileg des einzigen Fehlers

Die Lambacher Unfallstelle. Bergepanzer waren dabei, die Strecke zu räumen. Die Lokomotive 1042.652 des Eilzuges schob sich unter die 1044.092 des Expreßzuges.
Foto: AP

Der Professor, der nie weiß, wo er den Schirm vergaß, oder zum Opfer anderer Gedankenlosigkeit wurde, gibt zur Komik Anlaß. Hat sich nicht jeder einmal dabei ertappt, daß er etwas tat, was er gar nicht vorhatte? Meist endet das unkonzentrierte Verhalten harmlos. Die rote Ampel zu übersehen, kann jedoch schmerzlich oder tödlich ausgehen. Genauso die Gedankenlosigkeit von Eisenbahnern, die einen Zug führen oder für dessen sichere Fahrt verantwortlich sind.

Die Routine ist möglicherweise die Schwester der Gedankenlosigkeit, denn ein Routinierter macht sich wohl kaum Gedanken über jeden Moment seines Handelns. Routine ist ja durchaus etwas Positives, denn die motorischen wie auch die geistigen Fertigkeiten beschleunigen den Ablauf ungemein. Zugleich nimmt das Maß ab, sich über jeden Handgriff bewußt zu sein. Jene Anpassung, ja Verfestigung erweist sich als nachteilig, wenn plötzlich andere Umstände herrschen, das Stereotyp läßt sich kaum oder nur schwer umlenken.

Gerechterweise muß man sagen, daß es auch zu Eisenbahnunfällen kommt, weil wiederholt etwas falsch getan oder unterlassen wurde, nur blieben bislang die Umstände aus, die eines Tages mit des Teufels Zufall zusammenfielen und zwangsläufig zum Unfall führten.

Genau ein Jahr und einen Tag vor dem Zusammenstoß von Ex 160 und E 641 zwischen Bregenz und Wolfurt, nur wenige Kilometer entfernt, in Wolfurt hatte sich in Zusammenstoß ereignet, den man der Kategorie Vergessen zuordnen kann. Damals lautete die Schlagzeile: „Menschliches Versagen Ursache des Zugunglücks in Wolfurt".[28]

Am 29. August 1988 kamen fünf Menschen ums Leben. 53 wurden zum Teil schwer verletzt. „Der Lokomotivführer habe in seiner ‚Schutzbehauptung' ausgesagt, das Signal im Bahnhof Wolfurt habe auf Grün gestanden. Überprüfungen der Anlage und im Zug hätten jedoch gezeigt, daß Vor- und Hauptsignal einwandfrei gearbeitet hätten", sagten Verkehrsminister Streicher und Kienpointner, Präsident der ÖBB-Bundesbahndirektion Innsbruck, den Journalisten.

Was geschah an diesem Tag? Ex 160 „Pfänder" verkehrte von Linz nach Lindau, aber wegen einer abgerutschten Stützmauer zwischen Dornbirn und Wolfurt auf dem Streckengleis 1, dem linken Gleis. In Wolfurt sollte der Zug vom Gleis 501 über die Weichen 220/221 auf das Regelgleis 607/702 wechseln. Das Vorsignal zum Signal N 1 und das Signal N 1 zeigten wegen des Gleiswechsels die Signalbilder „Fahrt frei mit 60" mit dem zusätzlichen Geschwindigkeitsanzeiger „70" an, so daß der Zug mit 70 km/h über die Weichen fahren durfte.[29] Zur gleichen Zeit fuhr E 641 von Lindau nach Linz. Bei diesem Zug wurde im Bahnhof Lauterach wegen Oberbaumängeln die Geschwindigkeit auf 80 km/h begrenzt.[30]Da der Expreßzug Vorrang erhielt, sollte der Eilzug auf Gleis 601 vor dem Signal T halten. Das Vorsignal zeigte „Vorsicht" an, das Signal T „Halt".

28 Frankfurter Allgemeine Zeitung vom 31. August 1988

29 Laut Buchfahrplan betrug die Höchstgeschwindigkeit des Zuges 140 km/h.

30 Nach Buchfahrplan durfte die Höchstgeschwindigkeit dieses Zuges 120 km/h sein.

Die Wucht des Zusammenstoßes nahmen die Lokomotiven – 1044.051 (rechts) vom Ex 160 „Pfänder" und 1044.096 – noch gut auf, aber der erste Wagen wurde zertrümmert.
Foto: Landesgendarmeriekommando für Vorarlberg

Nachgestellte Sicht des Lokomotivführers auf das Signal T. Bei der Straßenunterführung sind die Weichen 220 × 221 sichtbar, über die der Ex 160 wieder auf das Regelgleis gefahren wäre.
Foto: Landesgendarmeriekommando für Vorarlberg

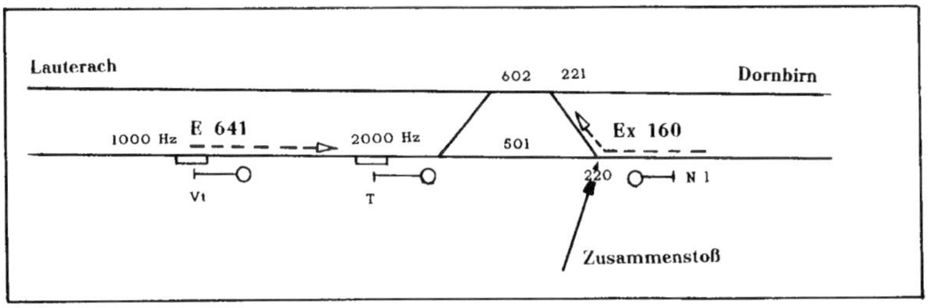

E 641 rutschte trotz Zwangsbremsung über den Gefahrpunkt hinter dem Ausfahrsignal T, das Grenzzeichen der Weiche 220.

Der Lokomotivführer dieses Zuges hielt sich an die Geschwindigkeitsbegrenzung der Langsamfahrstelle und quittierte das durch einen Indusi-Gleismagneten unterstützte Ankündigungssignal. Als die Zugspitze das Vorsignal erreicht hatte, machte der Gleismagnet auf die Warnstellung aufmerksam, und der Lokomotivführer bediente die Wachsamkeitstaste. Danach erschien das Endsignal der Langsamfahrstelle, wobei der Lokomotivführer den Zug beschleunigte, nicht mehr daran denkend, daß das kurz zuvor aufgenommene Vorsignal die Warnstellung gezeigt hatte. 20 s später hatte der Zug die Geschwindigkeit von 90 bis 92 km/h erreicht. In diesem Augenblick setzte die „angehängte Geschwindigkeitsprüfung" der Indusi ein, womit die Zugbeeinflussungseinrichtung prüft, ob der Lokomotivführer nicht nur am Vorsignal die Wachsamkeitstaste bediente, sondern auch zu bremsen begann. Die Zwangsbremsung setzt bei dem hier eingestellten Indusi-Programm nur dann ein, wenn der Zug schneller als 95 km/h fährt. Sie blieb unwirksam, weil die tatsächliche Geschwindigkeit darunter lag.

Der Lokomotivführer beschleunigte weiter auf 102 km/h, leitete dann aber die Schnellbremsung ein, weil er doch noch das haltzeigende Signal aufnahm, jedoch zu spät. Als die Zugspitze am haltzeigenden Zwischensignal vorbeifuhr, betrug die Geschwindigkeit noch 84 km/h, und der dort verlegte 2000-Hz-Gleismagnet bewirkte noch einmal die Schnellbremsung. Der Eilzug befuhr mit 74 km/h den Isolierstoß hinter dem Zwischensignal, der bewirkte, daß das dem Ex 160 geltende Signal N 1 auf „Halt" fiel. In diesem Moment fuhr er mit 66 km/h, der Lokomotivführer hatte aber den entgegenkommenden Zug und die Gefahr bemerkt und die Schnellbremsung eingeleitet. Ungeachtet dessen betrugen die Geschwindigkeiten beim Zusammenstoß 63 km/h (Ex 160) und 27 km/h (E 641), woraus sich die erheblichen Auswirkungen erklären.

Der Lokomotivführer des Eilzugs erhielt erst ziemlich spät, 340 m zuvor einwandfreie Sicht auf das „Halt" des Zwischensignals. Das war es nur mit besonderer Aufmerksamkeit zu sehen, da die Fahrleitungsmasten die Sicht behinderten. Waren nach der Warnstellung des Vorsignals Aufmerksamkeit und Vorsicht nicht geboten? Das Ende der Langsamfahrstelle muß ihn derart „beeindruckt" haben, daß er bereits nach kurzer Zeit nicht mehr an das Vorsignal dachte. Der Lokomotivführer des Ex 160 hingegen sah zwar den entgegenkommenden Zug, konnte aber nicht sogleich erkennen, daß dieser nicht anhält.

Auch hier kann man fragen, welchen Sinn hat die Indusi, namentlich der am Hauptsignal verlegte Magnet, wenn der Durchrutschweg bzw. Gefahrpunktabstand nicht reicht, um den Zusammenstoß zu vermeiden? Hier betrug er 117 m, ausreichend nach den Vorschriften.[31] Auch hier hätte ein 500-Hz-Magnet, 250 m vor dem Zwischensignal installiert (siehe 2. Abschnitt), bewirkt, daß der Zug angehalten worden wäre, sofern er schneller als 65 km/h fuhr, und das war ja der Fall. Bei Schnellbremsung aus der Geschwindigkeit von 102 km/h, die der Eilzug an der fiktiven Stelle des Überwachungsmagneten fuhr, benötigte der Zug 399 m Bremsweg[32], und der hätte nicht gereicht, denn bis zum Gefahrpunkt standen nur 367 m zur Verfügung.

Abgesehen davon widerlegte der Registrierstreifen der Indusi die spontane Behauptung des Lokomotivführers nach dem Unfall, das Signal habe „grün" gezeigt.

Mangelte es bei diesem Unfall an der Aufmerksamkeit des Lokomotivführers gegenüber den Signalen, obwohl er zusätzlich durch die Indusi auf deren Stellung aufmerksam gemacht wurde, dürfte das menschliche Versagen der Bregenzer Bahnhofseisenbahner (3. Abschnitt) anders zu bewerten sein. Ob der exakte Auftrag vom Innen- zum Außenfahrdienstleiter dessen Fehlgriff am Bahnhofsblock verhindert hätte, darf bezweifelt werden. Die Fehlhandlung hätte der Stellwerkswärter kompensieren können, befolgte er nicht unbedacht den blockelektrischen Auftrag vom Fahrdienstleiter, sondern machte ihn auf die Fahrordnung laut Fahrplan aufmerksam. Das Linksfahren aus fahrplantechnologischen Gründen wäre ganz zu vermeiden gewesen, hätten die ÖBB nicht sparen müssen, als der Rangierbahnhof Wolfurt gebaut wurde. Damals war vorgesehen, die Strecke von St. Margrethen kreuzungsfrei in die Strecke Bregenz–Feldkirch einzubinden. Wie oft bei Investitionen, wird alles gestrichen, „was nicht unbedingt nötig ist". Hinweise auf mögliche Unfälle, weil Projekte vereinfacht wurden, werden abgewimmelt. Der Unfall am 30. August 1989 kostete mehr als 50 Millionen Schilling, die kreuzungsfreie Einbindung hätte weniger erfordert!

Der Umbau eines Bahnhofs stellt besondere Anforderungen an die Betriebseisenbahner. Müssen sie nicht nur Gewohntes aufgeben und sich auf neue Verhältnisse (neue Signale und Gleise, Lage der Weichen und deren Bezeichnung, neue Organisation des Zug- und Rangierverkehrs) einstellen. Die Zwischenzustände sind ebenso belastend und gefährlich, weil bei ihnen der übliche und gesetzliche Sicherheitsabstand unterschritten wird. Sicherheit für Mensch und Gut in den Zügen ist dann allein von der Aufmerksamkeit und der Umsicht der Eisenbahner abhängig. Dienstbefehle und betriebliche Anweisungen sind letztlich Papier und werden nicht von jedermann verstanden.

Der Bahnhof Lehe Pbf (heute Bremerhaven-Lehe, Strecke Bremerhaven Hbf–Bremerhaven Kaiserhafen) erhielt im Frühjahr 1914 ein neues Stellwerk „Lg". Die sogenannten Assisten-

31 S 60 der ÖBB, bei der DB wäre es DS 51.

32 laut Mindener Formel

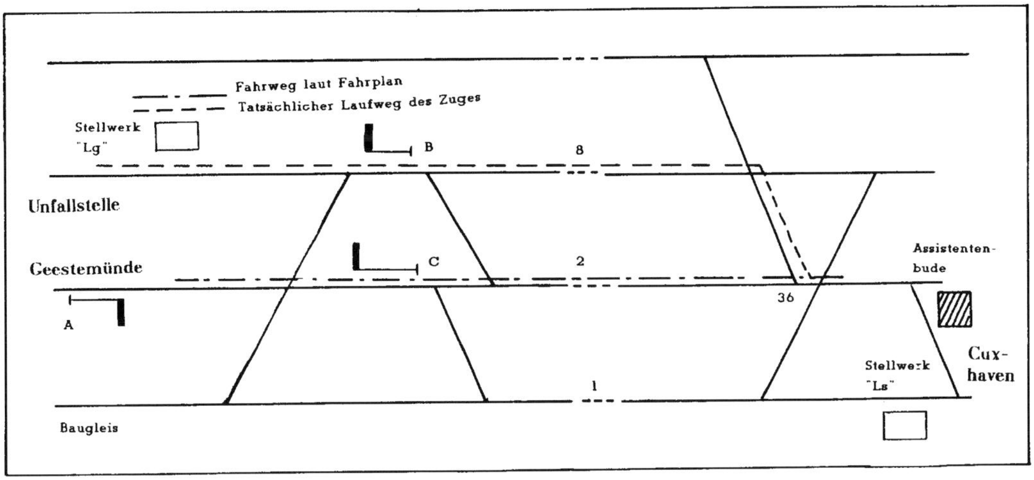

Stark vereinfachter Ausschnitt aus dem Lageplan des Bahnhofs Lehe.
Zeichnung: Preuß

tenbude auf dem Bahnsteig, bis dahin das Befehlsstellwerk, wurde aufgelöst. Der Fahrdienstleiter nahm Platz auf Stellwerk „Ls".

Während dieses über mehrere Tage sich hinziehenden Umschaltens von einem in den anderen Zustand konnten im Bezirk des Stellwerks „Lg" die Signale nicht bedient werden. Die Lokomotivführer wurden mit Befehl A angewiesen, am haltzeigenden Signal vorbeizufahren.

Das Betriebsamt Geestemünde hatte vorsorglich am 15. März 1914 den Dienstbefehl Nummer 3 erlassen, aus dem die Eisenbahner die Fahrordnung und den Standort der neuen Signale entnehmen konnten. Im Dienstbefehl hieß es: „Der Fahrdienstleiter ist für die richtige Lage der Weichen verantwortlich."

Ein einfacher Satz. Wie erwähnt: Bis zum 3. April 1914 bediente der Fahrdienstleiter in der Assistentenbude am südlichen Bahnsteigende den Bahnhofsblock. Er gab von dort auf den Stellwerken die Hebel der Einfahrsignale frei, bediente außerdem die Hebel dreier in seiner Nähe gelegener Weichen und die zweier Wegesignale (damalige Bezeichnung für Ausfahrsignale). Sollte beispielsweise ein Zug nach Geestemünde ausfahren, beauftragte er über den Fernsprecher den Wärter auf „Ls" zum Umstellen der Weichen. Der legte danach den entsprechenden Fahrstraßenhebel um und sicherte ihn blockelektrisch.

Die Weichen am Bahnsteigende wurden vom Fahrdienstleiter gesichert. Wenn beides – auf dem Stellwerk und bei ihm – erledigt war, durfte der Zug ab- oder durchfahren. Die einschneidenden Änderungen waren jetzt die, daß der Bahnhofsblock außer Betrieb und der Fahrdienstleiter nun selbst auf dem Stellwerk war, wo er sämtliche Weichen und das Einfahrsignal von Geestemünde bediente. Am Bahnsteig standen noch die alten Wegesignale, für jede Richtung nur eins, zwischen ihnen und den Weichen fehlte die Abhängigkeit, die Weichen lagen nicht unter Verschluß, wenn ein Signal auf Fahrt stand.

Dem Fahrdienstleiter stand auf „Ls" ein Hilfsweichenwärter zur Seite. Der Bahnhofsvorsteher hatte angeordnet, daß der Fahrdienstleiter bei den Zügen das Ausfahrsignal bedient, wozu er sich auf den Bahnsteig begeben mußte.

Am dritten Tag dieses Provisoriums wurden Zug 915 von Speckenbüttel (aus Richtung Cuxhaven) und Zug 914 von Geestemünde angeboten. Die Züge kreuzten planmäßig in Lehe. Der Fahrdienstleiter beauftragte den Hilfsweichenwärter, die Züge anzunehmen, stellte die Weichen in seinem Bezirk, bediente den Fahrstraßenhebel und gab mit dem Bahnhofsblock dem Stellwerk „Ln" das Einfahrsignal N von Speckenbüttel nach Gleis 2 frei.

Während er das Stellwerk „Ls" verließ, rief er dem Hilfsweichenwärter zu, er werde ihn über Fernsprecher von der vormaligen Assistentenbude aus beauftragen, die Einfahrt für den Zug von Geestemünde freizugeben.

Als P 914 von Geestemünde eingefahren war, fragte er von der Bude aus, ob die Weichen für Zug 915 richtig lägen, was der Wärter bejahte. Darauf erhielt der Zug das Abfahrsignal. Der Fahrdienstleiter sah nicht, daß der Wärter die Weiche 36 umgestellt hatte und dadurch der Fahrweg nach Gleis 8 wies. P 915 fuhr nun nicht nach Geestemünde, sondern in das Überholungsgleis 8, dessen Ende ein Prellbock abschloß.

Dem Lokomotivführer entging nicht nur dieser Prellbock, sondern außerdem, daß er nicht links am auf Fahrt stehenden Wegesignal C vorbeifuhr, sondern rechts. Zumindest dem Lokomotivheizer hätte das auffallen müssen, der sah ja auf seiner Führerstandseite, also links, das Signal. Für welchen Zug sollte es wohl auf Fahrt stehen?

Beim Aufprall auf den Prellbock wurden die Lokomotive, ein Eilgut-, der Gepäck- und ein Personenwagen zertrümmert, das Lokomotivpersonal getötet.

Die Schuld lag eindeutig beim Hilfsweichenwärter D., der die Weiche 36 in die falsche Lage gebracht und dem Fahrdienstleiter gemeldet hatte, der Fahrweg für P 915 sei hergestellt worden. Schuld war außerdem der Fahrdienstleiter M., der sich nicht überzeugt hatte, ob die Weichen sich in der richtigen Lage befanden. Die Eisenbahndirektion Hannover gab obendrein dem Hilfsweichensteller P. auf Stellwerk „Lg" die Schuld, weil er das Signal B nicht beleuchtet hatte. Aber: Welcher Zusammenhang bestand zwischen dem Versäumten und dem Unfall? Man muß sich schon wundern, in welcher Form auf diesem Bahnhof der Betriebsdienst gehandhabt werden mußte. Ausgerechnet während des Bauzustands mußte der Fahrdienstleiter das Stellwerk verlassen. Darf man zweifeln, ob das bloße Beobachten der Weichen vom Bahnsteig aus bereits damals dem preußischen Sicherheitsstandard entsprach?

Daß ein Minister einen derartigen Mangel zugab, finden wir in den Akten zum Unfall am 19. Oktober 1891 in Kohlfurt. Um 0.50 Uhr stieß der Schnellzug 2 Breslau–Berlin mit einer Rangierlokomotive zusammen. Dabei wurden fünf Personen getötet.

Der Bahnhof war der Knotenpunkt u. a. der Strecken nach Lauban, Sommerfeld, Breslau, Görlitz, Falkenberg, und er hatte dafür zu sorgen, daß die Kurswagen von einem zum

Der Unfall als gesellschaftliches Ereignis – so scheint es, wie der Fotograf die Uniformierten und Zivilisten postierte: Kohlfurt am Morgen des 19. Oktobers 1891.
Foto: Sammlung Preuß

anderen Zug umgestellt wurden. Mit ihnen verband man Schlesien und Berlin bzw. Dresden, ohne daß die Reisenden umsteigen mußten. Kurz nach Mitternacht hatte der Rangiermeister N. dem Lokomotivführer T. auf der Rangierlokomotive gesagt: „Wenn wir beim 492 rechtzeitig fertig werden, holen wir nach Einfahrt von Zug 2 die Dresdner Kurswagen und bringen sie zum 492. Wenn nicht, übernimmt das eine andere Rangierlokomotive."

Der Zug 492 Lauban–Dresden war eingetroffen. Die Rangierlokomotive holte einige Wagen vom Zugende und setzte sie auf ein Abstellgleis. Dann fuhr sie zu ihrem vorherigen Standort. Die Ankunftszeit des Zuges 2 Breslau–Berlin rückte heran. Noch bevor dieser am Bahnsteig zu sehen war, fuhr T. los. Er achtete weder auf die Haltsignale eines Weichenwärters noch auf die von N. Auch dem Schnellzug-Lokomotivführer gab man Haltsignale, jedoch ließ sich der Zusammenstoß nicht verhindern. Die Vorspannlokomotive des Zuges 2 entgleiste und legte sich quer über die Gleise. Die Zuglokomotive entgleiste ebenfalls und geriet über den Tender der Vorspannlokomotive. Der Gepäckwagen und der folgende Schlafwagen entgleisten und wurden beschädigt. Der Schlafwagen wiederum schob den folgenden Wagen 1. und 2. Klasse, vor allem gedrückt vom hinteren Zugteil, in den Wagen Wien–Berlin, in dem die Reisenden zu Schaden kamen. Der Lokomotivführer T. und dessen Heizer wurden nur leicht verletzt.

Was die gerichtlichen Untersuchungen ergaben, wurde aus den Akten nicht bekannt.

Nicht minder berühmt wie das Bild von Kohlfurt sind die Abbildungen im „Stockert", dem Text- und Bildband von Eisenbahnunfälllen aus den Jahren 1913 und 1920. D 9 war am 17. Juli 1911 im Bahnhof Müllheim (Strecke Basel–Freiburg) entgleist, weil der Lokomotivführer betrunken mit etwa 115 km/h über eine 20-km/h-Langsamfahrstelle gefahren war. Folgen: 14 Tote und 32 Verletzte.

Fest steht: T. war ohne besonderen Auftrag gefahren. Hatte er die Abrede mit dem Rangiermeister N. als solchen Auftrag angesehen?

Die preußische Bahnverwaltung hätte es sich leicht machen und auf einen Vorschriftenverstoß verweisen können. Andererseits oblag ihr eine bestimmte gesetzliche Pflicht, mit technischen Mitteln für die Sicherheit der Zug- vor Rangierfahrten zu sorgen. Weil es offenbar vor der Jahrhundertwende öfter zu Zusammenstößen aus solchen Gründen kam, mußte die Stellwerkstechnik verfeinert bzw. verbessert werden. Nur in Kohlfurt war man noch nicht soweit.

Im Bericht des Ministers Thielen an „des Kaisers und Königs Majestät" heißt es: „Die Weichenbezirke an den Eingängen des Bahnhofs Kohlfurt sind sämtlich mit Sicherheitsstellwerken versehen, welche wie dies in § 3 des Bahn-Polizei-Reglements vorgeschrieben ist, die Gewähr dafür bieten, daß die Eingangsweichen richtig gestellt und verriegelt sein müssen, wenn das Einfahrtssignal gegeben ist. Neuerdings ist angeordnet worden, daß auch die im Innern der Bahnhöfe liegenden Weichen, sofern sie von ein- und durchfahrenden Zügen gegen die Zungenspitze befahren werden, durch ähnliche Stellwerke gesichert werden sollen, und es ist bei den in diesem Monat stattgehabten Berathungen über Änderungen des Bahn-Polizei-Regiments die Aufnahme einer dahin geltenden Vorschrift in dieses Reglement in Aussicht genommen worden. In Übereinstimmung damit war auch die für die in der Mitte des Bahnhofs Kohlfurt liegenden Weichen, welche bei dem Unfall von der Rangiermaschine benutzt worden sind, die Errichtung eines Stellwerks im August d. J. genehmigt und dessen Ausführung bereits eingeleitet.

Durch dasselbe würde, wenn es schon vollendet wäre, dem Lokomotivführer das Hineinfahren in das Einfahrgleis unmöglich gemacht sein, solange das Einfahrtssignal gegeben war."

Daß sich die Behörde in aller Öffentlichkeit ein gutes Zeugnis ausstellt und die Unfälle auf Vorschriftenverstöße reduziert, ist durchsichtig, denn Vorschriften gibt es für alles mögliche. Man braucht sich nur an sie zu halten ...

Am 9. Januar 1929 stieß infolge unterlassener Fahrwegprüfung in Okrouhlic (Strecke Kolin–Prag) der Schnellzug Prag–Iglau mit einem Güterzug zusammen, wobei eine Person getötet und vier schwer verletzt wurden. Ein Jahr zuvor, am 10. September 1928, war in Saitz (Mähren) (Strecke Deutsch-Brod–Brünn) der Schnellzug Berlin–Prag–Wien mit einem Güterzug zusammengestoßen. 24 Tote, fast 100 Verletzte! Beide Weichenwärter hatte das Landgericht Brünn zu je 15 Monaten schweren Kerkers verurteilt.

Die ČSD gerieten in den Ruf, zu wenig um die Sicherheit ihrer Reisenden besorgt zu sein. Deshalb nahm das Prager Eisenbahnministerium Stellung:[33]

„Nach den bisherigen Nachforschungen ist es zu den Unglücksfällen deshalb gekommen, weil die Dienstvorschriften nicht genau eingehalten worden sind. Aus der bloßen unmittelbaren Verletzung dieser Vorschriften kann die Verwaltung nicht als Schuldtragende bezeichnet werden, aber es darf daraus durchaus auch kein ungünstiger Schluß hinsichtlich der Leistungen des gesamten Personals gezogen werden (...) Es muß mit aller Bestimmtheit der Verdacht zurückgewiesen werden, daß die Unglücksfälle durch irgend welche böswilligen Handlungen des Personals verschuldet worden wären. Die Angestellten versehen, insbesondere in der letzten Zeit, während der ungewöhnlichen Nebel und Fröste ihren Dienst sehr ordentlich. Auch die technische Ausstattung der Eisenbahnen kann mit den letzten Unglücksfällen nicht in Verbindung gebracht werden. Die Bahnverwaltung kann deshalb erklären, daß alle diese Unglücksfälle durch das Zusammentreffen von rein zufälligen Umständen ohne jeden inneren Zusammenhang verschuldet worden sind, so daß von symptomatischen Vorkommnissen nicht gesprochen werden kann."

Knapp 50 Jahre später in Prag.
Zweifellos gibt die Sicherungstechnik dem Betriebspersonal auch der konventionellen Eisenbahn den wichtigsten Rückhalt gegen seine menschlichen Unzulänglichkeiten, wie

33 Organ für die Fortschritte des Eisenbahnwesens, Wiesbaden/München 1929, Seite 101

Oberflächlichkeit, Vergeßlichkeit, Überforderung. Das lehrt uns der schwere Unfall vom 31. März 1988 zwischen Praha-Hostivař und Praha-Vršovice (Strecke Prag–Benešov).

Praha-Hostivař besaß elektromechanische Stellwerke. Dort, wo das Stellwerk 2 (besetzt mit dem Wärter) stand, gingen die Strecken nach Praha-Vršovice und nach Praha-Malešice ab. Auf der zweigleisigen Strecke Praha-Hostivař–Praha-Vršovice Personenbahnhof wurden die Züge durch halbautomatischen Streckenblock gesichert, auf der eingleisigen Strecke nach Praha-Malešice nicht. Die Züge wurden fernmündlich angeboten, angenommen und zurückgemeldet. Aus dem Signalbild entnahmen die Lokomotivführer, ob das Ausfahrsignal in ihre planmäßige Streckenrichtung freigegeben war. Daß die Weichen tatsächlich in diese Richtung wiesen, das zu prüfen war nicht Angelegenheit der Lokomotivführer, darauf kann sich jeder dank der Abhängigkeit zwischen Signal und Weiche verlassen. Solange sie besteht!

Am 22. Februar 1988 begannen in Praha-Hostivař Arbeiten an den Sicherungsanlagen. Befehlsstellwerk 1 (mit dem Fahrdienstleiter) erhielt ein Provisorium, das Stellwerk 2 wurde samt dem halbautomatischen Streckenblock abgeschaltet. Auch fehlten zwischen dem Stellwerk 1 und dem Stellwerk 2 die Abhängigkeiten, die Zugfahrten wurden fernmündlich zwischen Fahrdienstleiter und Wärter geregelt.[34] Diese hatten, da jegliche Abhängigkeit fehlte, durch Umlegen des entsprechenden Fahrstraßenhebels die richtige Stellung der Weichen zu prüfen. Das ist sicherer und geht schneller, als wenn der Wärter die Stellung jeder einzelnen Weiche durch Augenschein prüfen müßte, weil sich der Fahrstraßenhebel zweifelsfrei nicht umlegen läßt, wenn auch nur eine Weiche, Gleissperre oder Flankenschutzeinrichtung nicht die richtige Lage einnimmt. Mitunter bringt das dem Wärter panische Minuten ein, da die Zeit drängt und er nicht sogleich den „Fehler" in der Bedienung des Stellwerks findet.

Läßt sich der Fahrstraßenhebel umlegen und hat sich der Wärter durch Augenschein vom Freisein des Gleises überzeugt, bestätigt er dies dem Fahrdienstleiter.

Das war auch in Prag so angeordnet, in Deutschland hieße die Meldung: „Fahrweg für Zug XY aus Gleis 2 nach Melešice gesichert". Natürlich sind derartige Meldungen im vorgeschriebenen Wortlaut unbequem, da sie -zigmal am Tag gegeben werden müssen. Sie erinnern aber den Wärter jedesmal, tatsächlich im Stellwerk und außerhalb den Fahrweg geprüft und behelfsmäßig gesichert zu haben. Eine intakte Sicherungsanlage bewirkt das schneller, zuverlässig und erspart das Denken. Deshalb sollen Behelfszustände auf die unbedingt notwendige Zeit beschränkt bleiben, in Prag dauerte das etwas länger, da die Fernmelde- und Sicherungswerkstätten Hradec Králové mit den Arbeiten nicht fertig wurden.[35]

In den Morgenstunden des Unfalltages bot der Fahrdienstleiter von Hostivař dem Fahr-

34 Im Unterschied zu Lebus bzw. Booßen (siehe 4. Abschnitt) handelte es sich hier um ein Provisorium von wenigen Tagen.

35 laut „Železnicař", Prag 1988, Nummer 14, Seite 212

Zusammenstoß an der Abzweigstelle Praha-Zabĕhlice
Foto: aus „Železnicař" 14/1988

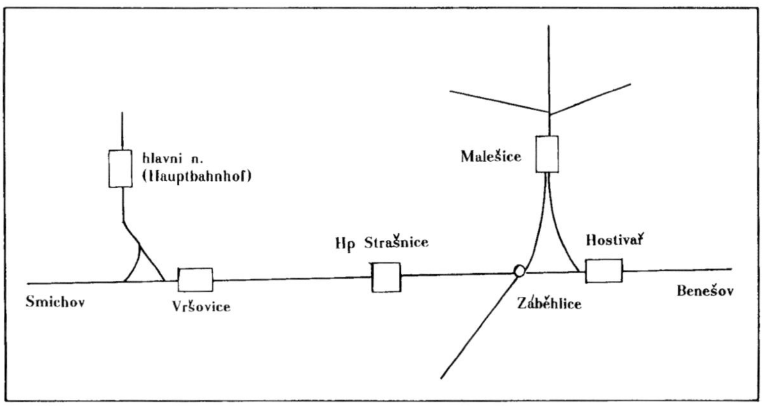

Lage der Betriebsstellen in Prag
Zeichnung: Preuß

dienstleiter in Malešice den Zug 68 552 an. Dann beauftragte er den Weichenwärter auf Stellwerk 2, den Fahrweg für Zug 68 552 aus Gleis 2 nach Malešice zu sichern. Nachdem der Wärter die vorgeschriebene Meldung gegeben hatte, erhielt er vom Fahrdienstleiter den Auftrag, Zug 68 552 mit Handersatzsignal den Abfahrauftrag zu erteilen. Der Zug verließ den Bahnhof, der Wärter bestätigte das dem Fahrdienstleiter, und dieser befahl sofort, den Fahrweg für Personenzug 9114 aus Gleis 2 nach Vršovice zu sichern. Der Lokomotivführer erhielt einen schriftlichen Befehl, am haltzeigenden Ausfahrsignal vorbeizufahren, und fuhr ab.

In diesem Augenblick meldete sich der Fahrdienstleiter von der Abzweigstelle Záběhlice und fragte, was der Güterzug solle, der bei ihm stehe. Der Fahrdienstleiter in Hostivař begriff, daß etwas falsch gelaufen war, denn auf die Abzweigstelle zu fuhr auch der Personenzug, der Güterzug hatte doch in Richtung Malešice fahren sollen. Der Güterzug-Lokomotivführer hatte die falsche Richtung bemerkt, den Zug angehalten und war zum Signalfernsprecher gelaufen. Während er telefonierte, brachte der Fahrdienstleiter der Abzweigstelle das Vorsignal in die Warnstellung, und in diesem Augenblick fuhr der Personenzug bei einer Geschwindigkeit von 68 km/h auf den Güterzug auf.

Zwei Personen kamen ums Leben, fünf wurden schwer- und zehn leicht verletzt. Es hätte schlimmer kommen können, wären nicht die meisten Reisenden in Hostivař aus dem Zug gestiegen. Der Sachschaden belief sich auf 910 000 Ks (etwa 50 000 DM).

Nicht allein dem Stellwerkswärter war sein Versehen anzukreiden, auch der Lokomotivführer hatte gefehlt. Er mußte noch innerhalb des Bahnhofs von Hostivař anhalten, wenn er den falschen Fahrweg bemerkte. Dann hätte der Personenzug in das noch vom Güterzug besetzte Gleis 2 nicht einfahren können, vor allem wäre dessen Ausfahrt unmöglich geworden. Stattdessen fuhr der Güterzug-Lokomotivführer weiter und diskutierte mit dem Beimann, ob im Buchfahrplan etwas über diese Variante des Zuglaufs zu finden sei. Dazu muß man wissen, daß im Prager Eisenbahnknoten bei einigen Zügen die wahlweise Führung zugelassen ist.

Abgelenkt von mancherlei Umständen, „einfach gedankenlos" zu sein, wie man sich auszudrücken pflegt, geht immer dann schief, wenn der normale Arbeitsrhythmus verlassen werden muß. Beim folgenden Beispiel gesellt sich zu dieser Untugend die Sorglosigkeit, die dem Blockwärter den Vorwurf einbrachte, er habe vorsätzlich den Transport der Bahn gefährdet.

Am 4. Juni 1960 mußte der Fahrdienstleiter des Bahnhofs Oberlichtenau (Strecke Riesa–Chemnitz) das fernschriftliche Rückmelden einführen (damals noch mit Morsefernschreiber), weil die Streckentastensperre zum Blocksignal der Abzweigstelle Furth nicht ausgelöst hatte, als Dg 7415 vorbeigefahren war. Der Fahrdienstleiter dort konnte das Blocksignal zwar in die Haltstellung bringen, aber wegen dieser Störung nicht zurückblok-

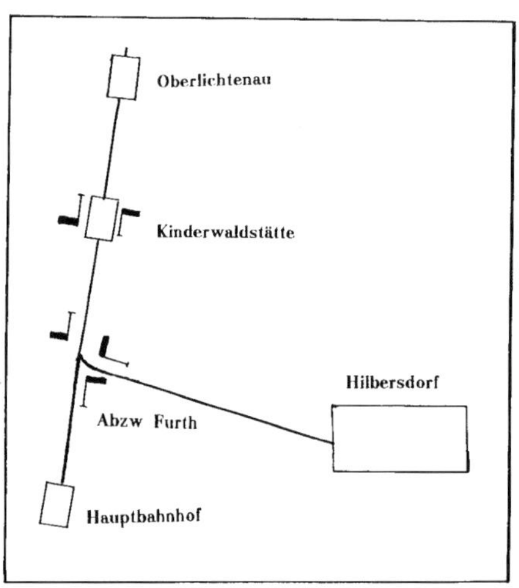

Lage der Betriebsstellen in Karl-Marx-Stadt (Chemnitz)
Zeichnung: Preuß

ken, und der Wärter der zwischen Oberlichtenau und der Abzweigstelle Furth gelegenen Blockstelle in Kinderwaldstätte sein Blocksignal nicht wieder auf Fahrt stellen, denn sein Anfangsfeld blieb geblockt. Blocktechnisch bestand ein Zustand, als habe der Güterzug den Blockabschnitt noch nicht verlassen.

Nach den Fahrdienstvorschriften der DR galt in solchem Falle, daß das Rückmelden so lange bestehenbleibt, bis in jede Richtung ein Zug mit ordnungsgemäßer Blockbedienung fuhr. Selbst wenn die Streckentastensperre beim nächsten Zug auslöste, was dann auch eintrat, war zurückzublocken und zurückzumelden. Ein Zug durfte erst folgen, wenn die Rückmeldung eingegangen war und nicht bereits nach der Rückblockung, denn das Blockfeld konnte auch zur „Unzeit" freigegeben worden sein bzw. sich auf einen anderen, eben den vorausgefahrenen Zug beziehen.

Wie gelernt, trug der Blockwärter in sein Zugmeldebuch ein, daß der Fahrdienstleiter von Oberlichtenau das Rückmelden eingeführt hatte, unterließ es jedoch, an der Zugmeldeeinrichtung (also am Morsefernschreiber) und an der Streckenblocktaste das Warnschild bzw. Hilfssperren anzubringen. Inzwischen hatte die Streckentastensperre doch ausgelöst, der Blockwärter erhielt die Rückblockung und konnte sein Blocksignal auf Fahrt stellen. Er ließ den Dg 6840 passieren und meldete ihn nach Oberlichtenau zurück. Dort näherte sich D 72 Berlin–Karl-Marx-Stadt dem noch haltzeigenden Ausfahrsignal, weshalb der Fahrdienstleiter eine Tafel mit der Aufschrift „Abst 6840" zeigte. Das Lokomotivpersonal war dadurch informiert, warum das Signal spät auf Fahrt gestellt wurde und welcher Zug vor ihm lag.

Doch in Furth hatte sich abermals eine Störung eingestellt, weshalb der Fahrdienstleiter den Blockwärter anrief, auch D 72 müsse auf Befehl fahren, er könne den Zug 6840 nicht zurückblocken. Der Blockwärter bereitete den Befehl Ab vor mit dem Wortlaut „Zug 72 darf am haltzeigenden Blocksignal ... vorbeifahren". In dieser Zeit versuchte der Fahrdienstleiter der Abzweigstelle, den Lokomotivführer des Güterzugs an den Signalfernsprecher zu rufen. Dort, in der Fernsprechbude, lag ein Befehlsblock, und der Befehl Ab sollte dem Lokomotivführer zugesprochen werden. Ehe das Personal des Dg 6840 den Wecker des Fernsprechers vernommen und einer von ihm den Befehl ausgeschrieben hatte, vergingen 8 min.

Während der Further Fahrdienstleiter das Güterzug-Lokomotivpersonal zum Fernsprecher rief oder ihm den Befehl zur Vorfahrt am haltzeigenden Signal zusprach, lief der Blockwärter von Kinderwaldstätte zum Lokomotivführer des Schnellzugs, der vor seinem Blocksignal angehalten hatte, und händigte ihm den Befehl aus. Auf die Frage „Können wir weiter?" antwortete der Blockwärter: „Ja, ihr könnt abfahren". Er meldete den Zug nach Oberlichtenau zurück, und der Fahrdienstleiter in Furth hörte dies am „Klappern" des Morsefernschreibers mit, wunderte sich und rief den Blockwärter an: „Hast Du etwa den 72 abgelassen? Ich habe doch den 6840 noch nicht zurückgemeldet. Der steht noch vor dem Signal!"

Der Wärter erschrak und meinte: „Hoffentlich paßt der Lokführer auf." Da der Lokomotivführer des D 72 wußte, daß ein Güterzug vor ihnen lag, fuhr er langsam, zumal der Lokomotivheizer dem zugerufen hatte: „Vorsignal Warnstellung". Die Strecke verläuft im Abschnitt Kinderwaldstätte–Furth in einem scharfen Linksbogen, die Sicht wird zusätzlich durch eine Brücke beeinträchtigt, so daß das Lokomotivpersonal ziemlich spät – im Abstand von 20 bis 50 m – den Schluß des Güterzugs erkannte. Trotz der Schnellbremsung fuhr der Schnellzug mit etwa 10 km/h auf den Güterzug, 17 Leichtverletzte und 27 000 DM Sachschaden waren die Folgen.

Nicht allein die Gedankenlosigkeit hatte den Blockwärter beherrscht. Er wollte offenbar den Ablauf beschleunigen. Aber er durfte den Befehl nicht ausfertigen, solange die Rückmeldung von Furth nicht eingegangen war.

Das Bezirksgericht Karl-Marx-Stadt beschäftigte sich eingehend damit, warum der Beschuldigte die Hilfssperren bzw. das Warnschild nicht benutzt hatte. Doch welchen Sinn hätten diese Mittel gegen die Vergeßlichkeit gehabt in dem Moment, als der Blockwärter draußen am Zug war? Als er den Befehl Ab zum Lokomotivführer hochreichte, besser: als er ihn ausfertigte, mußte das geistige Warnzeichen einsetzen: Weiterfahrt eines Zuges erst nach Eingang der Rückmeldung des vorausgefahrenen. Deshalb ist die Spalte Rückmelden im Zugmeldebuch auch dick eingerahmt. Bei der Berufungsverhandlung vor dem Obersten Gericht gab der Angeklagte an, es sei ihm bekannt gewesen, daß die Rückmeldung des Güterzugs noch nicht vorlag.[36] Die Gedächtnisstützen aus Pappe oder Holz waren also gar nicht nötig, der Blockwärter handelte bewußt den Vorschriften zuwider. Als Grund dieser törichten Arbeitsweise gab er zwei Motive an. Vor der Transportpolizei im Ermittlungsverfahren: er wollte Zeit für die Vorbereitung der Ablösung gewinnen (Asche wegtragen, Fußboden kehren??), vor dem Obersten Gericht in der Beweisaufnahme: er wollte erreichen, daß sich die Zugverspätung nicht ausdehnte (übrigens ein häufiges Argument, wenn bei Einfahrt eines Zuges die Fahrstraße vorzeitig aufgelöst wurde). Das Bezirksgericht wertete die Pflichtverletzungen als vorsätzliche Herbeiführung einer Gemeingefahr, also als Transportgefährdung,[37] und verurteilte ihn zu fünf Jahren Zuchthaus.

Das Oberste Gericht, das wenige Tage zuvor das Urteil des Bezirksgerichts Leipzig kassiert hatte, in dem den an der Eisenbahnkatastrophe in Leipzig Hbf[38] am 15. Mai 1960 schuldigen Eisenbahnern die vorsätzliche Herbeiführung eines Verkehrsunfalls vorgeworfen worden war, wurde erneut tätig, diesmal auf Antrag des Verurteilten.

Dieser fand gnädige Richter. Denn sie gingen davon aus, daß der Blockwärter der Meinung war, der Güterzug habe den Blockabschnitt bereits verlassen. Er konnte nicht wissen,

36 Urteil vom 30. November 1960 – 2 Ust III 42/69

37 §§ 315, 316 des damaligen Strafgesetzbuches der DDR

38 Preuß: „Eisenbahnunfälle in Europa". Berlin 1991, Seiten 155ff.

39 Neue Justiz, Berlin 1961, Seite 68

40 Ausgabe vom 19. September 1987

41 Tatsächlich waren es 4 Tote, 15 Schwer- und 63 Leichtverletzte.

42 Betra = Betriebs- und Bauanweisung

daß er abermals am Blocksignal von Furth halten mußte und sich die Befehlsübermittlung verzögerte. Die Fahrzeit von Kinderwaldstätte nach Furth betrug normalerweise 4 min. Von der Durchfahrt des Güterzugs bis zur Befehlsaushändigung waren 6 min vergangen. „Auf Grund dieser Umstände kann nicht als erwiesen angesehen werden, daß der Angeklagte die Herbeiführung einer Gemeingefahr in seine Vorstellungen aufgenommen hat und auch für den Fall des Eintretens dieser Gefahr den D 72 pflichtwidrig in den noch besetzten Blockabschnitt einfahren ließ", führte das Oberste Gericht aus und setzte die Strafe auf drei Jahre Gefängnis fest.[39]

„Ich sah, wie der andere Zug direkt auf uns zukam. Bremsen kreischten, plötzlich ein lauter Knall. Ich wurde durchs Abteil geschleudert. Dann hörte ich überall Schreie. So schilderte ein Augenzeuge das schwere Zugunglück von Lambach in Österreich." Und so veröffentlichte es das „Hamburger Abendblatt".[40] Den Bericht über diese Katastrophe auf der Westbahn (Wien–Salzburg) auszuschmücken, hatte man nicht vergessen: „Am Freitag morgen waren auf der Strecke Wien–München zwei Schnellzüge frontal **ineinandergerast**. Drei Fahrgäste – zwei Männer und ein fünf Jahre alter Junge – starben in den aufgeschlitzten Waggons, 54 Menschen wurden verletzt."[41] „Unglücksursache ist vermutlich menschliches Versagen", sagte ein Sprecher der Österreichischen Bundesbahnen. „Eine Weiche war falsch gestellt worden. Deshalb kamen sich der von Innsbruck nach Wien verkehrende Schnellzug ‚Tirolerland' mit 200 Passagieren und ein mit 100 Fahrgästen besetzter Eilzug auf demselben Gleis entgegen", hieß es in den Zeitungen.

Menschliches Versagen – erneut der nebulöse Ausdruck für konkrete Pflichtverletzungen, abgesehen davon, daß auch wieder die „falsch gestellte Weiche" benutzt wird.

Am 18. September 1987 trat die Betra[42] Nummer 26 der Bundesbahndirektion Linz in Kraft. Im Fernschreiben dieser Direktion vom Tag zuvor hieß es: „Die Betra Nr. 26 tritt zum Einschweißen eines Isolierstoßes in Kilometer 225,510 am 18. September 1987 in Kraft. Hierbei ist das Bahnhofsgleis 2 in Lambach zwischen Grenzmarke der Weiche 59 und

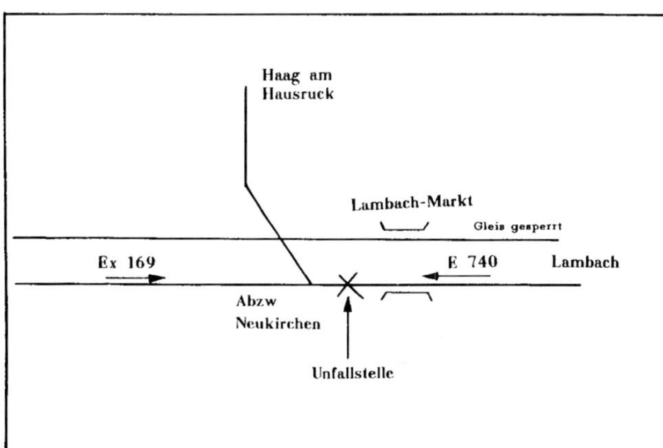

Situation zur Unfallstelle bei Lambach
Zeichnung: Preuß

Höhe Einfahrsignal Z von 8.10 Uhr (nach Zug 3010) bis 9.25 Uhr (vor Zug 8322) zu sperren." Wegen dieser Gleissperrung mußten die Züge der Richtung Linz–Salzburg zwischen Lambach und Abzweigung Neukirchen bei Lambach das „falsche" Streckengleis 1 benutzen. Zwischen 8.10 Uhr und 8.20 Uhr sprachen die Fahrdienstleiter M. (in Lambach) und U. (in Neukirchen) über die Züge 8321 aus Haag am Hausruck und 740 aus St. Pölten. Der Zug 740 konnte wegen Verspätung des Zuges 66 nicht planmäßig von Neukirchen nach Lambach fahren.

Über Funk hatte der Zugführer des Zuges 8321 mitgeteilt, daß sich in seinem Zug keine Anschlußreisenden in Richtung Salzburg bzw. Wien befinden. Dennoch sollte Zug 740 auf der unbesetzten Haltestelle Lambach-Markt außerplanmäßig halten, um Reisende aufzunehmen, die sonst mit dem Zug 8321 nach Lambach gefahren und dort in den Zug 740 umgestiegen wären. M. stellte für Zug 740 die Einfahrt nach Gleis 4 und meinte, der Zug werde hier mit dem Ex 169 „Tirolerland" aus Salzburg kreuzen, der über Gleis 1 fahren sollte. Als Zug 740 einfuhr, fragte M. den Fahrdienstleiter Sch. in Breitenschützing, wo Ex 169 bleibe. Antwort: „Ich habe noch nichts." M.: „Wenn Du noch nichts vom 169 hast, fahre ich mit 740 bis Neukirchen falsch, ab 8.32 Uhr."

M. meinte, U. in Neukirchen habe dieses Gespräch mitgehört und erteilte dem Lokomotivführer des Zuges 740 Befehl A, und der fuhr 8.33 Uhr über das „falsche" Streckengleis nach Neukirchen.

Um 8.36 Uhr fuhr Zug 169 in Breitenschützing durch. Bevor U. das Signal der Abzweigung auf Fahrt stellte, rief er M. an und teilte mit: „Zug 169 fährt bei mir um 8.37 Uhr durch", verstand diese Meldung aber nicht als bloße Information, sondern als Vorausmeldung, d. h. Vereinbarung einer Zugfahrt, obwohl sie nicht dem vorgeschriebenem Wortlaut entsprach. M. reagierte (eher geistesabwesend) mit einer Frage: „Wann ist der Zug in Breitzenschützing durch?" U.: „Um 8.36 Uhr." Daß Zug 740 nach Neukirchen fuhr, erwähnte M. nicht.

Auf den Stellwerken in Neukirchen und Lambach leuchten Richtungspfeile weiß, je nachdem, für welche Richtung das Gleis und damit die Ausfahrsignale freigegeben sind. Leuchtet ein Pfeil rot, lassen sich die Ausfahrsignale in dieser Fahrtrichtung nicht auf Fahrt stellen. M. stellte bei sich fest, daß der Richtungspfeil für das Gleis Neukirchen – Lambach rot wurde (U. hatte Ex 169 vorgeblockt). M. rief U. an und fragte: „Was kommt denn da?" U.: „Zug 169." M.: „Wo ist Zug 740?" U.: „Weiß ich nicht." M.: „Der ist doch unterwegs auf dem falschen Gleis zu Dir, den habe ich Dir doch angeboten!" M. ahnte, was geschehen war und ordnete an, die Streckenfahrleitung abzuschalten. Doch es war zu spät.

Lokomotivführer H. hatte mit Ex 169 den Bahnhof Breitenschützing mit 100 km/h durchfahren, bekam vom Fahrdienstleiter das Fahrtregelungssignal „Langsamer fahren", weil der dachte, bei voller Geschwindigkeit käme Ex 169 wegen der Kreuzung mit dem Zug 740 an der Abzweigung Neukirchen zum Halten. H. ließ den Zug rollen, um nicht vor dem Signal der Abzweigung halten zu müssen. Kurz vor der Annäherung zeigte das Signal „Fahrt frei", und H. beschleunigte den Zug auf 140 km/h. In einem langgezogenen Rechts-

Bilder von der Lambacher Unfallstelle. Die Lokomotive 1042.652 des Eilzuges schob sich unter die 1044.092 des Expreßzuges.
Fotos: AP

bogen sah er auf seinem Gleis ein aufgeblendetes Spitzensignal und einen Zug entgegenkommen. Er leitete sofort eine Schnellbremsung ein, gab Achtungssignale und flüchtete in den Maschinenraum.

In km 229,280 stieß Ex 169 bei einer Geschwindigkeit von 90 km/h mit Zug 740 zusammen, der auf 20 km/h heruntergebremst hatte.

Die Fahrdienstleiter M. und U. meinten noch im Gerichtssaal, nicht schuldig an dieser Katastrophe zu sein. M. behauptete, er habe U. den Zug 740 angeboten, und der habe mit „Verstanden Neukirchen" geantwortet. Ohne auf die Details der Beweisaufnahme des Bezirksgerichts Wels eingehen zu wollen, blieben folgende Pflichtverletzungen unstrittig:

1. Vorgeschrieben war bei eingleisigem Betrieb Lambach–Neukirchen, daß der Fahrdienstleiter in Neukirchen mit Hilfe eines Quantenschalters die Streckenfernsprechleitung Lambach–Breitenschützing trennt. Dadurch konnte der Lambacher Fahrdienstleiter nur mit dem der Abzweigung sprechen und nicht mehr mit dem in Breitenschützing. U. hatte diese Trennung unterlassen.
2. Das gegenseitige Einvernehmen für den Zugverkehr auf eingleisigen Strecken (um eine solche handelte es sich hier, da das Gleis Lambach–Neukirchen gesperrt war), wie es Paragraph 54, Absatz 3 der ÖBB-Betriebsvorschrift V 3 fordert, war von den Fahrdienstleitern nicht hergestellt worden. Weder von M., der nicht wußte, wo sich Ex 169 befand, noch von U., der Ex 169 abließ, ohne sich über Zug 740 zu informieren.
3. Bei Fahrten auf dem falschen Gleis, sind nach Paragraph 38 der angeführten Vorschrift Gegenzugfahrten zu verhindern. Dazu dient das Anbieten und Annehmen der Züge mit genauem Wortlaut. Zug 740 war überhaupt nicht angeboten und angenommen worden.
4. M. hätte, bevor er die Fahrt des Zuges 740 zuließ, von U. die Richtungszustimmungslampe anfordern müssen. Dann wäre nicht nur der Richtungspfeil für die Fahrtrichtung Neukirchen–Lambach verloschen (= keine Zustimmung für Ex 109), sondern U. hätte diesem Zug das Signal der Abzweigstelle nicht freigeben können. Ex 169 hätte gehalten, und Zug 740 wäre unbehelligt auf das „richtige" Streckengleis gewechselt.

M. und U. wurden zu je einem Jahr Freiheitsstrafe verurteilt. Sie war „unter Bestimmung einer Probezeit von je drei Jahren bedingt nachzusehen."[43]

Daß die Zeitungen fragten „Wer hat versagt?" und nicht die Verurteilten meinten, ging auf den 13. Gewerkschaftstag der Eisenbahner zurück, auf dem die Sparpolitiker- und Rationalisierungsfanatiker gewarnt worden waren. Wenige Tage danach das Unglück von Lambach – das war für die Presse ein gefundenes Fressen. „Der Begriff ‚menschliches Versagen' wird seit jeher wieder einmal breitgetreten. Menschliches Versagen – ja, nur liegt dieses Versagen nicht dort, wohin es geschoben wird", hieß es in einem Blatt. Ein anderes

43 Urteil vom 2. Mai 1988 EVr 1419/87, 11 EHr 27/88

44 Der Streckenblock muß, wenn er bedienbar ist, bedient werden. Das ist bei zeitweise eingleisigem Betrieb zumindest in einer Fahrtrichtung zutreffend.

45 Informationsblatt der Betriebsdirektion 3/87

46 Beschrieben in Preuß: Eisenbahnunfälle in Europa, Berlin 1991, Seite 139

schrieb: „Der Fahrdienstleiter rief beim falschen Bahnhof an!", was erfunden war. Nach dem genauso aufsehenerregenden Unfall von Wolfurt richtete sich der Eifer der Presse gegen die Eisenbahner, und die Betriebsdirektion der ÖBB verwandte ihre Mühe, die Eisenbahner zu beruhigen: „Es ist zu tiefst bedauerlich, daß menschliches Versagen eines Kollegen zum Anlaß von polemischen Äußerungen genommen wird. Wir alle wissen, welch drückende Verantwortung dem einzelnen Mitarbeiter – sei es im Stellwerk oder im Führerstand – auferlegt ist. Es gehört eben zu den vermeintlichen ‚Privilegien', daß ein einziger Fehler derart schwerwiegende Folgen haben kann." Und auf die Rationalisierungsvorwürfe eingehend: „Die Betriebsvorschriften 1986 haben natürlich auch Rationalisierungsmaßnahmen zum Ziel. Wir stehen ja nicht zuletzt im Kreuzfeuer der öffentlichen Kritik, weil wir angeblich zu teuer produzieren. Die Sicherheit ist und bleibt aber oberstes Gebot für alle Mitarbeiter im ausführenden Betriebsdienst."[45] Die Redaktion erinnerte daran, daß der Ersatz eines fernmündlichen Rituals (und meinte den festen Wortlaut der Zugmeldungen) durch technische Einrichtungen eine Erleichterung für die Arbeit der Mitarbeiter sei, bevor sie mit „Laßt Euch nicht beirren!" schloß.

Betriebsvorschriften vereinfachen – das mag im Regelbetrieb erleichternd wirken, und das Ritual der Zugmeldung mag dem einen oder anderen antiquiert erscheinen. Dieses Ritual verfestigt sich zur Routine, die bei Abweichungen vom Regelbetrieb nützlich sein kann. Kein Fahrdienstleiter möchte sich vor jedem Zugmeldegespräch erst eine Weile überlegen, mit welchen Worten er verständlich und eindeutig sein Anliegen übermitteln kann. Von der „Gegenseite" ankommende Gespräche müssen ja genauso schlagartig verstanden werden. Festgelegte Wortlaute sind vielerorts üblich und haben ihren Sinn. Der Psychologe wird seine Einwände haben, wenn im Regelbetrieb auf die Kommunikation weitgehend verzichtet wird, im Störungsfall dann das „Ritual" wieder angewendet werden soll.

Auch die DR mußte einige Unfälle hinnehmen, die darauf zurückzuführen waren, daß der Fahrdienstleiter die Umstellung vom zweigleisigen Betrieb (mit Streckenblock) auf eingleisigen Behelfsbetrieb (ohne Streckenblock) geistig nicht vollzogen hatte, zum Beispiel am 11. Oktober 1985 zwischen Eilsleben und Marienborn.[46] Um die Sicherheitslücke zu schließen wurde als technische Stütze für solche Fälle ein Behelfsblock geschaffen. Jetzt konnte auch bei Abweichungen von der normalen Betriebsform der Streckenblock bedient werden, können durch ihn die Züge gesichert werden.

Auch im Falle Lambach war „ein zweiter Mann" zur Unterstützung des Fahrdienstleiters gefordert worden. Daß eine Bahnverwaltung nicht gern darauf eingeht, hat folgende Gründe:

Erstens kostet der Mann Geld, von dem die Bahnen immer zu wenig haben.

Zweitens ist die Absicht, mit einem Helfer betriebssicher zu arbeiten, nicht garantiert. Wer gewohnt ist, allein zu arbeiten, für den stellt der Mann neben ihm gewöhnlich eine Belastung oder Ablenkung dar.

Drittens: Was ist mit jenen Fällen, in denen plötzlich ein Gleis gesperrt werden muß (Unfall, Schienenbruch o. ä.)? Soll mit den Zügen gewartet werden, bis der zweite Mann zur Stelle ist?

Viertens: Man kann nicht irgendjemanden dem Fahrdienstleiter zur Seite stellen. Er muß ausgebildet, geprüft und örtlich eingewiesen sein, möchte auch auf dem Arbeitsplatz eingespielt sein.

Zu den gravierendsten Ursachen schwerer Eisenbahnunfälle gehört neben der unzulässigen Vorbeifahrt am haltzeigenden Signal die unterlassene oder vergessene Fahrwegprüfung. Während auf freier Strecke, also zwischen den Bahnhöfen, durch organisatorische Vorkehrungen, wie die Kennzeichnung der Züge mit dem Schlußsignal und die Zugmeldung zwischen den Fahrdienstleitern, oder technische Maßnahmen, etwa wenn über den Gleisstromkreis[47] oder mit Hilfe von Achszählanlagen das Freisein des Gleises geprüft wird, ist es auf den Bahnhöfen aufwendiger, Mittel gegen menschliche Fehlbarkeit einzusetzen. Denn hier wird rangiert, werden Fahrzeuge abgestellt, kreuzen, beginnen, enden Züge, die die Gleise besetzt halten.

Moderne Gleisbildstellwerke zentralisieren nicht nur die Bedienung an einen Ort, auf ihnen wird dank vollisolierten Gleisen und entsprechenden Abhängigkeiten im Stellwerk ständig geprüft, ob und welche Gleise bzw. Weichen frei sind – unabhängig von menschlicher Aufmerksamkeit und vom Wetter. Ein Fahrdienstleiter ist gar nicht in der Lage, über die gesamte Entfernung, die von seinem Stellwerk beherrscht wird, zu prüfen, ob das Gleis frei ist, erst recht nicht bei Dunkelheit und Nebel. Scheinwerfer zum Ableuchten der Gleise, verwirrende Vorschriften zur Fahrwegprüfung bei Nebel oder gar der Einsatz von Nebelposten kennzeichnen letztlich die Schwierigkeiten, bei niedrigem technischen Standard sicheren Betrieb auszuführen.

Ein Grundsatz beherrschte den Fahrdienst in den Bahnhöfen: Eine Zugfahrt darf erst dann zugelassen werden, wenn der Fahrweg geprüft wurde. Wo technische Einrichtungen, die das besorgen können, fehlen, werden die Prüfbezirke und die Verantwortlichkeiten exakt bestimmt. Gegen das Vergessen sind mehr oder weniger taugliche Hilfsmittel vorgesehen, beispielsweise den Fahrstraßenhebel gegen Umlegen mit einem Sperrkeil zu sichern, wenn das entsprechende Gleis voraussichtlich länger als 10 min besetzt sein sollte. Der Fahrdienstleiter und der Wärter haben vor der örtlichen Prüfung auf dem Stellwerk regelrecht zu pauken, wo welche Hilfssperren anzubringen sind, wenn dieses oder jenes Gleis besetzt war. Ein Verzeichnis sollte diese Übung erleichtern.

Übung bleibt sie in den meisten Fällen, denn was hilft gegen das Vergessen, sich derartiger Hilfsmittel zu bedienen? Am besten ist es, wenn der Eisenbahner aus dem Fenster sieht und „mit Augenschein" das Gleis absucht, in das eine Zugfahrt zugelassen werden soll. Dort wo „gewöhnlich" kein Wagen oder keine Lokomotive stehenbleibt oder wo reger Zug-

47 Gleisschaltmittel zur automatischen Freimeldung von Gleis- oder Weichenabschnitten

verkehr herrscht, unterläßt manch einer die Fahrwegprüfung aus Bequemlichkeit. Solange nichts passiert, will niemand glauben, daß auch er etwas vergessen und dadurch großes Unheil anrichten kann. Oft werden Vorschriften nur aus Unterordnung ausgeführt, nicht aus Überzeugung, daß sie sinnvoll sind.

Begeben wir uns zum Bahnhof Gröbers an der zweigleisigen Strecke Halle–Leipzig. Dort herrscht stets dichter Zugverkehr, denn auf den beiden Gleisen rollen die Fernpersonenzüge zwischen Sachsen und Sachsen-Anhalt, die Nahverkehrszüge zwischen den Städten Halle und Leipzig sowie die meisten Güterzüge zwischen den beiden Wirtschaftszentren und den großen Rangierbahnhöfen der Direktionsbezirke Dresden und Halle. Bei entwikkelten Bahnverwaltungen wäre eine solche Strecke längst viergleisig ausgebaut mit getrenntem Personen- und Güterverkehr.

Am 22. März 1990, dem Tag des schweren Unfalls, war vom Verkehrsrückgang bei der DR noch nicht viel zu spüren. Seit Tagen war wegen Bauarbeiten das Gleis Gröbers–Schkeuditz gesperrt, dafür zeitweise eingleisiger Betrieb eingeführt worden. Der Streckenblock war dementsprechend umgestellt, für die Fahrten aus Gleis 2 des Bahnhofs, das sonst nur in der Gegenrichtung befahren wurde, in Richtung Schkeuditz hatte man ein Ausfahrsignal aufgestellt. Im Bahnhof waren auch die Gleise 1 und 6 gesperrt, so daß für beide Fahrtrichtungen nur zwei Gleise, 2 und 3, zur Verfügung standen. Innerhalb des Bahnhofs, und das war sicherlich das Ungewohnte, fand der Zugbetrieb nicht mehr im Richtungsbetrieb statt, bei dem jede Zugrichtung ihr bestimmtes Gleis hatte.

In dieser Situation begann der Fahrdienstleiter H. den Dienst auf „Go", einem mechanischem Stellwerk, dessen Signale elektrisch bedient werden.

Um 16.19 Uhr ließ er den P 7343 Halle–Leipzig nach Gleis 2 einfahren. Er mußte auf Weisung des Dispatchers die von Leipzig kommenden Schnellzüge abwarten, so den D 734 Leipzig–Rostock. Das Gleis blieb vom Personenzug voraussichtlich länger als

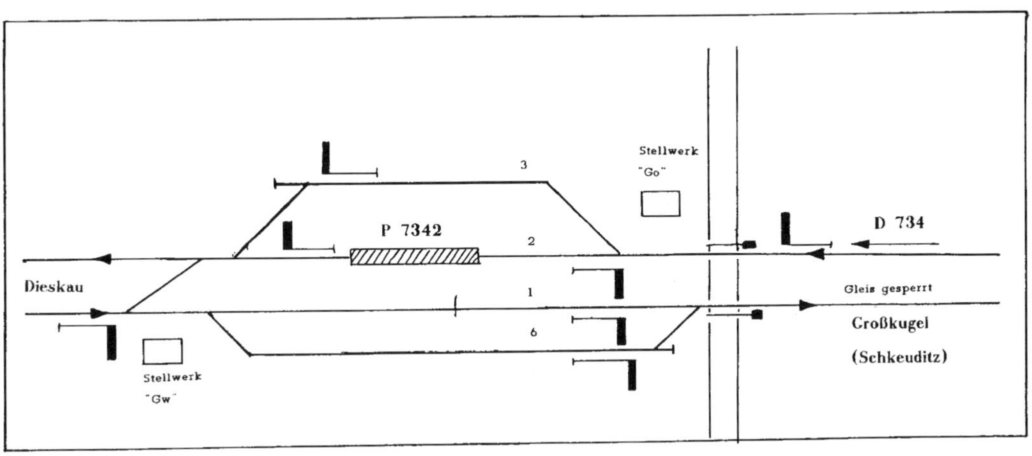

Vereinfachter Lageplan des Bahnhofs Gröbers
Zeichnung: Preuß

10 min besetzt, weshalb H. am Fahrstraßenhebel für die Einfahrt von Dieskau nach Gleis 2 eine Hilfssperre anlegte. Der Wärter des Stellwerks „Gw" konnte dadurch nicht blockelektrisch beauftragt werden, das Einfahrsignal nach Gleis 2 auf Fahrt zu stellen. Von Schkeuditz nach Gleis 2 waren während der Bauarbeiten ebenfalls Einfahrten möglich, doch diese Einfahrten unmöglich zu machen, jene Sicherung gegen das Vergessen, das vergaß H.

15 min nach Ankunft des Personenzugs meldete Schkeuditz den D 734 voraus. Erfahrungsgemäß vergingen 10 min, bis der Zug durchfahren werde, doch so lange wollte H. die Schranken – über Schlüssel mit dem Signal abhängig – nicht geschlossen halten. Inzwischen hielt vor dem Einfahrsignal ein Personenzug von Halle, der wegen des besetzten Gleises 2 und der zu erwartenden Durchfahrt über Gleis 3 nicht einfahren konnte. Der Fahrdienstleiter verständigte über Zugfunk den Lokomotivführer vom Grund des Haltens.

Zwischen Schkeuditz und Gröbers liegt die Blockstelle Großkugel, und von ihr wurde der vorausgemeldete D 734 vorgeblockt. H. wußte, jetzt dauert es nur 1 bis 2 min, bis der Schnellzug in Gröbers ist, schloß die Schranken, holte sich blockelektrisch vom Wärter auf Stellwerk „Gw" die Zustimmung zur Einfahrt nach Gleis 2 (!) und blockte das Befehlsabgabefeld für die Ausfahrt aus Gleis 2. Der Wärter konnte daraufhin das Ausfahrsignal auf Fahrt stellen.

Die zerstörte Lokomotive 243 912 des D 734
Foto: ZB/Schulz

Fiel dem Wärter auf, daß der Fahrdienstleiter den auf diesem Gleis wartenden Personenzug vergaß? Im Fahrwegprüfbezirk des Wärters war das Gleis 2 frei, den Prüfbezirk des Fahrdienstleiters konnte er von seinem Stellwerk aus nicht einsehen (Wohnwagen versperrten ihm dorthin die Sicht). Er vermutete, der Zug sei längst in Richtung Leipzig weitergefahren und blockte das Zustimmungsabgabefeld für die Einfahrt nach Gleis 2, worauf der Fahrdienstleiter das Einfahrsignal auf Fahrt stellen konnte. Ohne den Fahrweg geprüft zu haben!

Erst jetzt trat er zum Fenster, um die Durchfahrt des Zuges zu beobachten und erblickte zu seinem Schrecken in 50 m Entfernung den Personenzug. Sofort bediente er die Signalhalttaste, doch der Lokomotivführer des D 734 war am Einfahrsignal vorbei und konnte die Verwandlung von „Fahrt mit Höchstgeschwindigkeit" auf „Halt" nicht mehr bemerken. Als er auf das besetzte Gleis zufuhr, leitete er die Schnellbremsung ein. Mit 70 km/h Geschwindigkeit stieß er mit dem wartenden Zug zusammen.

In den Trümmern starben fünf Menschen, fünf wurden schwer, 33 leicht verletzt, beide Lokomotiven der Baureihe 243 und zwei Personenwagen vollständig zerstört, fünf weitere beschädigt. Sachschaden: über neun Millionen Mark.

Das Fehlverhalten H.s wog schwer, aber wie sollte das Gericht sein Versagen bewerten?

Der „Fall Gröbers" dürfte das erste Gerichtsverfahren in der Übergangszeit vom sozialistischen Strafrecht zum bürgerlichen in der DDR gewesen sein, das sich mit Eisenbahnangelegenheiten befaßte. Unsicherheiten in der Anwendung des Strafrahmens bestimmten die Plädoyers im Gerichtssaal. Der Staatsanwalt forderte zwei Jahre Freiheitsentzug, der Verteidiger plädierte für ein Jahr, die gesetzlich vorgesehene Mindeststrafe für „Herbeiführung eines schweren Verkehrsunfalls im schweren Fall". Zu recht konnte der Anwalt auf die unrühmliche DDR-Praxis verweisen, mit Hilfe drakonischer Strafen für Ordnung im Eisenbahnbetrieb sorgen zu wollen. Das Strafrecht war stark „erfolgsorientiert", d. h., nicht das Verschulden stand im Vordergrund der Rechtssprechung, sondern das Ausmaß der Folgen und die Vergeltung. Die Freiheitsstrafe hing letztlich von der Zahl der Toten ab. Das Urteil des Kreisgerichts Saalkreis war schließlich ein Kompromiß zwischen den beiden Vorstellungen von der Strafhöhe: 18 Monate Freiheitsentzug.

Der Gerichtsberichterstatter resümierte:[48] „René H. hatte nur wenige Monate lang als Fahrdienstleiter gearbeitet, die obendrein unterbrochen waren durch anderthalb Jahre Wehrdienst. Doch hierin ist sicherlich nicht die Ursache für sein Versagen zu suchen. Er war gut ausgebildet, was er vor Gericht bewies, wo er komplizierte technische Zusammenhänge sehr sicher zu erläutern wußte, er war am Tage des Unfalls ausgeruht und alles andere als überfordert. Die Ursache ist wohl am ehesten in einer Mischung aus Selbstüberschätzung, womöglich daraus resultierender Nachlässigkeit (die vergessene Fahrwegprüfung), falscher Routine (die vergessene Hilfssperre), verbunden mit Dienstbeflissenheit (die Schranken nicht zu lange geschlossen zu halten, den Schnellzug nicht verspäten) zu

48 Clemens Hahn in: Augenblicke des Versagens, „Fahrt frei", Berlin 1990, Nummer 13

suchen. Verhaltensmuster, die sich im Regelbetrieb vermeintlich ‚bewährt' hatten, führten angesichts der Abweichungen vom Regelbetrieb zum Desaster."

H. war nicht allein Opfer seiner Vergeßlichkeit geworden, sondern auch Opfer der Routine. Bei normalem zweigleisigen Betrieb fuhren die Züge der Fahrtrichtung Leipzig–Halle durch Gleis 2. Am Unfalltag stand aber, ganz entgegen zur sonstigen Technologie, in diesem Gleis der Personenzug, und der Schnellzug hätte über Gleis 3 fahren müssen, das sonst von zu überholenden Zügen benutzt wurde.

Infolge der Gleissperrung war die Strecke geringer belegt als sonst. Der P 7343 war erst der zehnte Zug nach mehr als zwei Stunden Dienst des H.! Bedeuten vorübergehend weniger Züge geringere Beanspruchung? Psychologen verneinen das. „Infolge der Abweichung vom Regelbetrieb sind eben die gewohnten, eingeschliffenen, bewährten Verhaltensweisen nicht möglich, es sind vielmehr ungewohnte, wenig (oder gar nicht) geübte Handlungen geistig vorzubereiten und auszuführen", schrieben Meyer und Seidl.[49] Und: Der Eisenbahner müßte in die Lage versetzt werden, sich vor „negativer Routine" zu schützen. Aber wie?

Ein Leser schrieb, nachdem er den Unfallbericht gelesen hatte, mit einer Gleisfreimeldeanlage hätte es sicher keine Toten gegeben. Er zweifelt, ob der Fahrdienstleiter im Falle der dann nicht möglichen Bedienbarkeit des Einfahrsignals sofort zum Ersatzsignal gegriffen oder sich erst Gedanken gemacht hätte, warum sich das Einfahrsignal nicht auf Fahrt stellen lasse. Selbst, wäre der Zug auf Ersatzsignal gefahren, so mutmaßte der Leser, wären die Folgen aus- oder gering geblieben, weil die Höchstgeschwindigkeit des Zuges in solchen Fällen auf 40 km/h beschränkt wird. Er ging noch weiter: Alle Bahnhöfe ohne Gleisfreimeldeanlagen und alle Strecken ohne Streckenblock dürften nur noch mit 50 km/h Höchstgeschwindigkeit befahren werden.[50]

Eine solche Maßgabe verwirklicht, hätte die DR noch langsamer werden lassen. In der DDR wurden die Gesetze und Verordnungen den Verhältnissen angepaßt und nicht umgekehrt die Verhältnisse den Forderungen des Gesetzgebers untergeordnet. Der DB wurde es nicht so leicht gemacht, denn nach § 4.1 des Bundesbahngesetzes ist sie verpflichtet, ihren Betrieb sicher zu führen, Anlagen, Fahrzeuge und Zubehör in gutem, betriebssicherem Zustand zu erhalten. Auch diese Forderung ist flexibel und drängt die Fragen auf: Was ist sicher genug? Von welcher Risikogrenze an herrscht ein Gefahrenzustand, der strafrechtlich bedeutsam ist? Zwar war und ist es höchst selten, daß ein leitender Bahnmitarbeiter sich für einen Unfall verantworten muß(te), aber Kritik am Unternehmen wurde in Urteilen häufiger ausgesprochen.

Exemplarisch für die Verhältnisse in der DDR dürfte der Unfall von Lebus vom 27. Juni 1977 gewesen sein, der grob pflichtwidriges Verhalten zumindest eines Eisenbahners

49 „Fahrt frei", Berlin 1990, Nummer 19

50 „Fahrt frei", Berlin 1990, Nummer 13

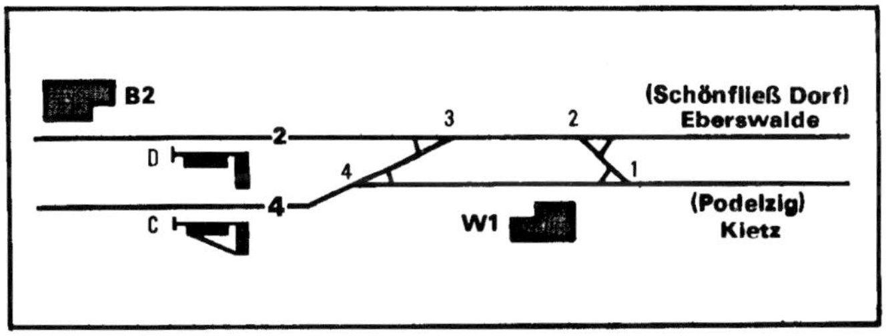

Skizze des nördlichen Bahnhofskopfes in Booßen
Zeichnung: Krzenziessa

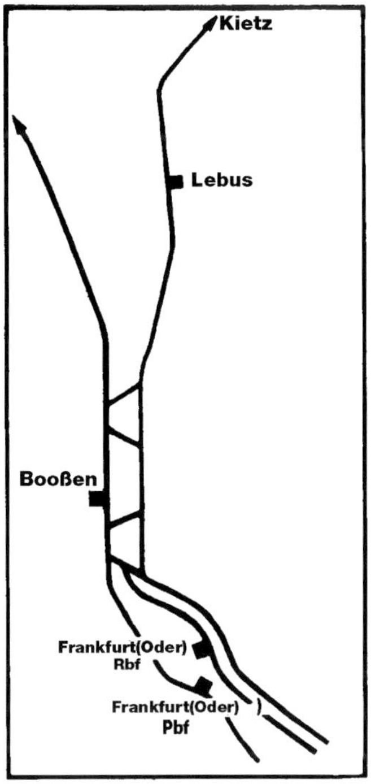

Lage der Betriebsstellen
Zeichnung: Krzenziessa

Die Unfall-Lokomotive 03 0078 vom Bahnbetriebswerk Stralsund in Frankfurt (Oder) Rbf (1977)
Foto: Mehnert

offenbarte und deshalb unter leitenden Mitarbeitern die Frage nach dem Zumutbarem stets verdrängte, andererseits den teilweisen niedrigen Sicherheitsstandard der DR erkennen ließ.

Gleis 2 des Bahnhofs Booßen (Strecke Frankfurt/Oder–Eberswalde) war von einem Güterzug besetzt, den der benachbarte Rangierbahnhof nicht aufnehmen konnte. Um 0.45 Uhr meldete der Fahrdienstleiter in Podelzig dem Fahrdienstleiter in Booßen die Lzz 41 440 voraus, die in Booßen nur über Gleis 4 fahren konnte – Gleis 2 war ja besetzt. Fahrdienstleiter Sch. in Booßen beauftragte den Wärter von „W 1", den Fahrweg einzustellen und zu sichern. H. soll das vorschriftsmäßig bestätigt haben, obwohl er die Weiche 3 in der Minusstellung beließ (also für Fahrten aus Richtung Schönfließ Dorf nach Gleis 4). Für die Einfahrt von Podelzig nach Gleis 4 mußte sie in der Plusstellung stehen, denn sie war Schutzweiche, die verhindert, daß Fahrzeuge unbeabsichtigt in die Fahrstraße des Zuges geraten konnten.

H. schlief ein. Als um 1.05 Uhr die Lzz vorüberfuhr, merkte er von ihr nichts, aber der Fahrdienstleiter weckte ihn mit einem Anruf. H. sollte die Weichen 3 und 4 so umstellen, daß der D 1918 Zittau–Stralsund durch Gleis 4 nach Schönfließ Dorf gelangen konnte.

Ohne die Stellung der Weichen zu besehen und den Fahrweg zu prüfen, meldete H. dem Sch., daß der Fahrweg aus Gleis 4 nach Schönfließ Dorf „gesichert" sei. Die vorherige Bequemlichkeit mag H. entgegengekommen sein, denn die Weiche 3 stand bereits in der gewünschten Stellung, „nur" Weiche 4 hatte er übersehen. Der Fahrdienstleiter stellte nun das Ausfahrsignal C auf Fahrt, und D 1918 fuhr statt in Richtung Eberswalde in Richtung Kietz.

Der Lokomotivführer und sein Heizer auf der 03 0078 merkten diese Fehlleitung nicht, denn das Ausfahrsignal zeigte „Hf 2" („Fahrt frei mit Geschwindigkeitsbeschränkung"), ohne Hinweis für welche Richtung. Das Signalbild galt für beide Streckenrichtungen, und ein Lokomotivführer konnte an ihm nicht erkennen, für welche Fahrtrichtung das Signal auf Fahrt gestellt worden war.

Da für das Lokomotivpersonal die Belehrungsfahrten zum Erwerb der Streckenkenntnis oberflächlich ausgefallen waren, bemerkte es nicht, daß es nicht mehr auf einer Hauptbahn (zulässige Geschwindigkeit 100 km/h), sondern auf einer Nebenbahn (zulässige Geschwindigkeit 50 km/h) war. Die Kriminalpolizei der Transportpolizei entlastete Lokomotivführer und Heizer während des Ermittlungsverfahrens mit allerlei Begründungen – sogar die Tonbandaufnahme einer Rekonstruktionsfahrt mußte herhalten –, aber mindestens zwei Umstände hätten das Personal stutzig werden lassen müssen:

1. Es fuhr über zwei ungesicherte Bahnübergänge, vor denen Pfeiftafeln aufgestellt waren. Auf einer Hauptbahn höchst seltsam!
2. Bei der Ausfahrt aus dem Bahnhof Booßen lag rechts vom Lokomotivführer nun kein Gleis mehr, dafür eins links vom Heizer. Es hätte gerade umgekehrt sein müssen.

Streckenkundigem Personal wäre diese Merkwürdigkeiten auch während der Nacht aufgefallen, es hätte die Fehlleitung bemerkt und den Zug angehalten. So aber fuhr D 1918 dem Dg 50 101 entgegen und stieß mit ihm westlich des Bahnhofs Lebus zusammen. Der Lokomotivführer auf der 132 200 verdankte sein Leben dem Absprung. Das Personal auf der Dampflokomotive starb am Morgen, es konnte aus der zusammengestauchten Lokomotive nicht gerettet werden. Mit ihm ließen 26 Reisende das Leben, die ersten drei Reko-Wagen hatten ihnen wenig Schutz geboten. Die Parallelen zum Unfall von Praha-Hostivař drängen sich auf, und doch bestanden Unterschiede.

Bereits am Abend des Unfalltags präjudizierte Verkehrsminister Otto Arndt die Schuldfrage mit der Behauptung: „Die Sicherungsanlagen arbeiteten einwandfrei".

Welche Sicherungsanlagen das waren, verriet er nicht. Denn auf diesem 1945 schwer in Mitleidenschaft gezogenen Bahnhof Booßen (die deutsche Wehrmacht hatte beim Rückzug beide Stellwerke in die Luft gesprengt) reichte es nie für Sicherungsanlagen, wie man sie auf einer Hauptbahn erwarten mußte. Zuerst stand dem Fahrdienstleiter ein Schlüsselwerk zur Verfügung, das die Abhängigkeit zwischen den Weichen und den Signalen herstellte. „Wegen stärkerer Belastung der Strecken" erhielt der Bahnhof am 1. Juli 1974 in einer einfachen Bude das Stellwerk „W 1" mit Schlüsselwerk. Seitdem fehlte die Abhängigkeit zwischen den Weichen im neuen Stellwerksbezirk und den vom Fahrdienstleiter bedienten Signalen. Fernmündliche Meldungen mußten als Ersatz herhalten. Aber die Signale ließen sich auf Fahrt stellen, auch wenn die Weichen nicht in der richtigen Lage waren. Das war ein Zustand, der während Bauarbeiten vorübergehend zugelassen ist, nicht aber für den Dauerbetrieb. Auf solche Zwischenzustände wird das Zugpersonal auch im „Verzeichnis der Langsamfahrstellen und sonstigen betrieblichen Besonderheiten" aufmerksam gemacht. Drei Jahre ging das gut, dann setzte das menschliche Versagen ein. Genaugenommen hatte es längst eingesetzt, als einige Wärter meinten, es genüge, wenn nur der Zug fahren könne. Man müsse nicht sämtliche Weichen in eine der Verschlußtafel gemäße Stellung bringen. Denn vor dem Bezirksgericht Frankfurt (Oder) erklärte der angeklagte Weichenwärter H., er habe sich die Arbeitsweise (d. h., das Nichtbedienen der nichtbefahrenen Weichen) von seinen Kollegen abgesehen.

Die nur in Ansätzen vorhandenen Sicherungsanlagen kamen der menschlichen Neigung zur Bequemlichkeit entgegen, die Vorschriften zu negieren, das wurde den Eisenbahnern leicht gemacht. Im „normalen" Stellwerksdienst hätte sich das Signal nicht auf Fahrt stellen lassen, ein gelöstes Siegel hätte sofort auf eine Unregelmäßigkeit schließen lassen und unter Umständen eine Untersuchung nach sich gezogen – hier aber bedeutete eine nichtgestellte Weiche nichts, bis zu dieser Katastrophe. Man kann auch formulieren: Den Wärtern wurde es leicht gemacht zu versagen, sich ihren Pflichten zu entziehen oder/und bequem zu sein. Das Infame war, daß der Minister mit seiner Erklärung vor den Fernsehkameras recht hatte, denn die Reichsbahndirektion Berlin hatte den Bahnhof Booßen zur Nebenbahn erklärt, auf dem die Höchstgeschwindigkeit auf 50 km/h beschränkt war. Und auf Nebenbahnen durften unter DDR-Verhältnissen primitive Zustände herrschen. An die Einfahrsignale schlossen sich die Hauptbahnstrecken an. Grundsätze für die sicherungstechnische Ausgestaltung galten nicht als Norm, sondern mit Tricks entzog sich eine

Verwaltung ihren Aufgaben, mögen die Ursachen für solche Praxis auch woanders gelegen haben: in der Misere, daß die DR mit Sicherungsanlagen höchst mangelhaft versorgt wurde.

Aber jetzt lastete das Gewicht der Sicherheit allein auf einen Menschen in jener Schicht. Und so hatte dieser eine die volle Verantwortung für das Unglück zu tragen, denn das Urteil lautete: fünf Jahre Freiheitsentzug. Es dokumentierte, daß das Strafrecht der DDR „erfolgsorientiert" war. Entweder zählte die Zahl der Opfer, oder es kam darauf an, ein Exempel zu statuieren. Nach einer Veröffentlichung mit gleicher Ansicht[51] bestritt das der Staatsanwalt, der 1977 in Frankfurt (Oder) die Anklage vertreten hatte.

Die 2. Strafkammer des Landgerichts Fulda erklärte in ihrem Urteil[52] auf ähnliche Erwägungen eines Staatsanwalts nach dem Unfall von Lütter (3. Abschnitt): „Nach inzwischen ständiger Rechtssprechung des Bundesgerichtshofes darf dabei jedoch der Bereich schuldangemessenen Strafens nicht verlassen werden. Die Strafe muß – gerade bei Fahrlässigkeitsstraftaten – der persönlichen Schuld angemessen sein. (...) Wägt man das Verschulden des Angeklagten gegen alle unglücklichen Umstände ab, die seinen Fehler erst zu einem folgenschweren Eisenbahnunglück werden ließen, (...) so würde man diesem Angeklagten mit dem Ausspruch einer Freiheitsstrafe nicht gerecht werden." Der Staatsanwalt mag sich auf den Strafrahmen berufen, aber ob das Strafrecht der DDR menschlich war, soll der Leser durch den Vergleich beurteilen (Tabelle 1).

Zwei Jahre nach dem Unfall erhielt Booßen ein elektromechanisches Stellwerk, das den Sicherheitsanforderungen einer Hauptbahn entsprach.

Glauchau wurde am 19. März 1986 Schauplatz eines schweren Unfalls. Ein Güterzug stieß mit einer Lokomotive zusammen. Der Wärter des Stellwerks „W 2" unterließ die Fahrwegprüfung, weil sich auf dem Gleis „nichts befinden konnte. Kurz zuvor war ja ein Schnellzug durchgefahren", wie K. dem Kreisgericht Glauchau sagte. Er hatte aber vergessen, eine Lokomotive als Rangierfahrt vom benachbarten Stellwerksbezirk vereinbart zu haben, deren Fahrt sich in seinen Stellwerksbezirk verzögerte. Das Vergessen der Lokomotive wäre verzeihlich, wenn K. nicht seit längerer Zeit die Pflicht zur Fahrwegprüfung überhaupt vergessen hätte. K. kostete diese Vergeßlichkeit ein Jahr und drei Monate Freizeit.

Der EuroCity „Galilei" Venedig – Paris hat auf dem Bahnhof Saxon (Strecke Brig–Martigny der SBB) durchzufahren. Um 1.37 Uhr am 16. Februar 1990 prallte er bei einer Geschwindigkeit von 120 km/h mit einem Arbeitszug zusammen. Die Lokomotivführer des Arbeitszuges und des EuroCitys sowie ein Reisender im ersten Wagen wurden getötet, zwölf Reisende verletzt, der Sachschaden belief sich auf mehrere Millionen Franken.

51 „Fahrt frei", Berlin 1990, Nummer 3

52 106 Js 10803/1/87 Ls Ns

53 Neue Zürcher Zeitung vom 21. Februar 1990

Tabelle 1 Vergleich der von Gerichten ausgesprochenen Strafen nach Bahnbetriebsunfällen

Ort	Folgen[1]	Strafen[2]
Rüsselsheim	17 T, 140 V	10 M – B, 2 500 DM
Lütter	1 T, 26 V	3 000 DM
Hannover-Empelde	5 Mill. DM	4 900 DM
Rüdesheim	4 T,	1 J–3 J B
Lambach	3 T, 57 V	1 J–3 J B
Othmarsingen	6 T, 56 V	3 M–B
Walpertshofen	1 T, 1 V	10 800 DM
Briesen	6 V	2 J, 6 M – B
Neubrandenburg	3 T, 21 V	2 J
Lauchhammer	8 T, 38 V	2 J, 6 M
Gröbers	5 T, 5 V	18 M
Lebus	5 T, 38 V	5 J
Glauchau	2 V	1 J, 3 M

1 T = Tote, V = Verletzte
2 J = Jahr/Jahre, M = Monate Freiheitsstrafe, B = zur Bewährung ausgesetzt, DM = Geldstrafe oder Bußgeld in DM

Die Unfallhilfe war schnell zur Stelle, denn Feuerwehr, Zivilschutz- und Polizeieinheiten waren wegen eines Unwetters in der Nähe. Dank der stabilen Bauweise heutiger Schnellzugwagen kam es nicht zu einer größeren Zahl von Opfern. Der EuroCity schob den Arbeitszug 200 m weiter, die Lokomotive entgleiste und wurde nach 60 m von einer Stützmauer aufgehalten. Der erste Wagen legte sich zur Seite, wurde aber nicht deformiert. Weitere fünf Wagen entgleisten.

Der Arbeitszug, aus der Lokomotive, einem Kran und zwei Wagen bestehend, hatte im Gleis 1 gestanden und sollte es für den EuroCity nach Gleis 3 räumen. Über Funk hatte das Personal mit dem Fahrdienstleiter Verbindung. Der aber hatte den Arbeitszug vergessen und offenbar routiniert die Signale für die Fahrt durch Gleis 1 auf Fahrt gestellt, während der Rangierleiter wartete, daß eine Weiche umgestellt werde, damit er das Gleis 1 verlassen konnte.

Die Stellwerksanlage von Saxon stammte aus dem Anfang dieses Jahrhunderts und sollte im Zusammenhang mit dem Streckenausbau für 200 km/h Geschwindigkeit modernisiert werden. Dann würde das Freisein des Gleises automatisch geprüft. Bis dahin hatte der Fahrdienstleiter durch Augenschein das Freisein des Gleises zu prüfen, bevor er die Zugfahrt zuläßt. Die Zeitungen meldeten wenige Tage nach dem Unfall, er sei „auf menschliches Versagen zurückzuführen".[53]

Durch die eingangs diesen Abschnitts beschriebene Routine kam es insbesondere bei Schrankenwärtern an zwei- und mehrgleisigen Strecken immer wieder zu Unregelmäßigkeiten oder Unfällen, wenn die Schranken vorzeitig geöffnet wurden. Der Wärter stellte sich darauf ein, nach Vorbeifahrt des Zuges die Schranken zu öffnen, mitunter fühlte er sich von den wartenden Verkehrsteilnehmern dazu direkt oder indirekt aufgefordert.

Bei eingleisigen Strecken mag das ohne Folgen bleiben, aber bei zwei- oder mehrgleisigen Strecken? Zug XY war in der Richtung A–B vorbeigefahren, aber Zug YZ in der Richtung B–A noch unterwegs, möglicherweise in der Nähe des beschranken Übergangs.

Die Gedankenlosigkeit wurde einem jungen Schrankenwärter zum Verhängnis, durch dessen Fehlverhalten am 20. September 1983 das Leben eines Busfahrers, dessen Mutter und zweier Kinder ausgelöscht wurde und der deswegen vom Wiesbadener Amtsgericht zu einer Gefängnisstrafe von einem Jahr verurteilt wurde, für drei Jahre zur Bewährung ausgesetzt. Nachdem am Posten 66 in Rüdesheim (Strecke Wiesbaden–Köln) mehrere Züge vorbeigefahren waren, vergaß der Schrankenwärter einen Güterzug, der mit 80 km/h Geschwindigkeit herankam, als er die Schranken öffnete. Ein anfahrender Schulbus wurde vom Zug erfaßt und 500 m weit mitgerissen.

Gegen solche menschliche Fehlleistung wurde schon viel versucht (z. B. farbige Ringe, für jeden Zug einen, auf die Schrankenkurbel stecken, die nach Vorbeifahrt des Zuges zu entfernen waren. Nur wenn alle Ringe abgenommen waren, durfte die Schranke geöffnet werden – umständlich und deshalb kein Allgemeingut der Sicherheit geworden!), aber nur die Technik ohne direkten Einfluß des Menschen bietet Sicherheit, am besten ist es, ganz auf niveaugleiche Übergänge zu verzichten.

5

Gut gemeint, aber ...

Die Bergungsarbeiten auf dem Bahnhof Ay.
Foto: AP

Um den folgenden Vorgang besser zu verstehen, der vor dem Bezirksgericht Neubrandenburg am 23. November 1985 verhandelt wurde, sind einige grundsätzliche Ausführungen notwendig. Die Bahnverwaltungen klassifizieren ihre Streckennetze nach der betrieblichen Bedeutung und haben, meist vom Gesetzgeber dazu aufgefordert, auch den Sicherheitsstandard darauf abzustellen. Strecken mit regem Verkehr und hohen Geschwindigkeiten werden beispielsweise als Hauptbahnen eingestuft, Strecken mit schwachem Verkehr und niedrigen Geschwindigkeiten als Nebenbahnen. Dementsprechend gelten die vom Gesetz geforderten Vorgaben, wie Streckenblock, Signalabhängigkeit usw. Bei Nebenbahnen kann auf den Streckenblock, also auf die blockelektrische Sicherung der Ausfahrsignale, verzichtet werden usw. usf. Es geht immer um ein Optimum zwischen Aufwand und Nutzen. Auch die Betriebsvorschriften, die das Handeln der Eisenbahner bestimmen, sehen Unterschiede vor. Bei den Strecken mit vereinfachtem Nebenbahndienst waren und sind die Sicherungseinrichtungen besonders einfach, dafür haben die Betriebseisenbahner (Fahrdienstleiter/Zugleiter, Zugführer, Lokomotivführer) spezielle Vorschriften zu beachten. Die Sicherheit auf solchen Strecken ist in ihre Hände gelegt, fast keine technische Einrichtung hilft, wenn es zum sogenannten menschlichen Versagen kommt.

Die Bahnverwaltungen versuchen aus den verschiedensten Gründen, von diesem Standard abzuweichen, der Staat kommt ihnen mitunter mit Ausnahmegenehmigungen, generell oder für einen bestimmten Fall, entgegen. So stufte die Reichsbahndirektion Greifswald die Strecke Saßnitz–Saßnitz Hafen als Nebenbahn zurück und entging den Vorschriften der Steilstreckenvorschrift. Bei einer Nebenbahn reichte die Streckenneigung nicht aus, um sie als Steilstrecke zu bewerten. Andererseits versah beispielsweise nach schweren Unfällen die Deutsche Bundesbahn viele ihrer Nebenbahnen mit der induktiven Zugsicherung, obwohl die dort vom Gesetzgeber nicht gefordert wird.

In den achtziger Jahren war die Deutsche Reichsbahn besonders von Unfällen betroffen. Dieser Eindruck entstand jedenfalls in der Öffentlichkeit. Es gab die verschiedensten Gründe dafür. Einer war, daß die DR durch die zentralisierte Transportplanung und die ungenügende Infrastruktur ihr Leistungsvermögen überschreiten mußte. Lücken im Fahrplan gab es auch auf Nebenbahnen so gut wie nicht.

Der permanente Personalmangel angesichts technischer und technologischer Rückständigkeit trug dazu bei, daß Eisenbahner mit ungenügender Ausbildung eingesetzt werden mußten oder solche mit ausreichender oder guter Ausbildung sich aus bester Absicht nicht mehr an die „lästigen" Vorschriften hielten. Wichtig war für sie die Erledigung der Tagesaufgabe, möglichst noch Übererfüllung – die große Politik mit ihren Parolen ließ die Mahner planmäßiger und disziplinierter Arbeit als Rufer in der Wüste erscheinen. Es herrschten fast Zustände, wie sie in einer Denkschrift über die Verhältnisse auf den Preußischen Staatsbahnen während des ersten Weltkriegs und bis 1920 beschrieben wurden.[54]

54 Denkschrift über die im Reichsbahn-Gebiet vorgekommenen Unfälle, deren Ursachen und Folgen sowie die in Aussicht genommenen Maßnahmen zur stärkeren Unfallverhütung, vorgelegt im Reichstag 1924/1925 vom Reichsverkehrsministerium

Bei vielen Nebenbahnen, noch dazu solchen mit vereinfachtem Dienst, mußte man sich seinerzeit fragen, ob ihr Status gerechtfertigt war. Bei der Hauptverhandlung in Neubrandenburg wurden solche Fragen oder die nach einer technischen Mindestausstattung nicht gestellt. In der Beweisaufnahme ging es um Pflichtverletzungen, um Fehler, allein um das menschliche Versagen. Und dabei kam einiges zur Sprache.

An der 25 km langen Strecke Neubrandenburg–Friedland liegen vor allem unbesetzte Haltepunkte, in km 3,01 die Ausweichanschlußstelle Industriegelände, es folgen in km 3,27 der Haltepunkt Neubrandenburg Vorstadt, in km 6,3 die Ausweichanschlußstelle Trollenhagen.

Wurde eine Anschlußstelle der freien Strecke bedient, mußte das Streckengleis zwischen den Bahnhöfen gesperrt werden, andere Zugfahrten waren in dieser Zeit nicht zugelassen. Bei einer Ausweichanschlußstelle dagegen konnte die Bedienungsfahrt in die Anschlußbahn fahren und „sich einschließen". Das heißt, während sie in der Anschlußbahn rangierte, nahmen die Weichen für die Züge auf der freien Strecke die richtige Stellung ein und wurden – meist durch Handschlösser – gesichert. Auf Hauptbahnen besteht von da zu den Bahnhöfen meist blockelektrische Verbindung, die die Hebel der Ausfahrsignale festlegt oder freigibt.

Auf dieser Nebenbahn jedoch wurde die Sicherheit allein durch Weisungen bestimmt: durch den Fahrplan, den Sonderzugfahrplan, die mündlichen Aufträge und die Gespräche zwischen den Beteiligten.

Am 23. November 1985 trat Schichtleiter R. den Dienst an und sah sich einem vollbelegten Bahnhof gegenüber. Da Pasewalk ebenfalls überfüllt war und nicht alle Züge aufnehmen konnte, mußte Neubrandenburg zwei Züge zusätzlich auflösen. Der unverminderte Zulauf von Güterwagen aus allen Richtungen war vom Dispatcherdienst bereits in der

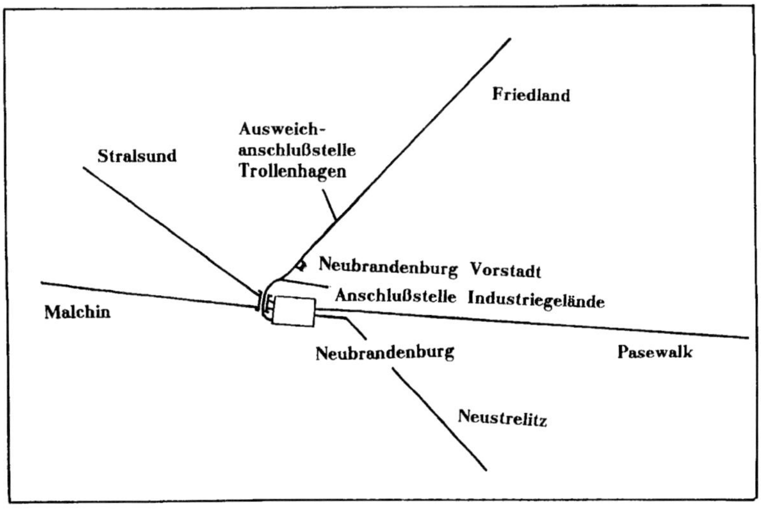

Lage der Betriebsstellen zwischen Neubrandenburg und Friedland
Zeichnung. Preuß

Nacht angekündigt worden. Die Schicht reichte von 6 bis 18 Uhr, und R. wollte „am Abend einen aufgeräumten Bahnhof" vorführen.

Allerdings mußte der Mittags-Übergabezug nach Trollenhagen ausfallen, da weder Zugführer noch Lokomotive verfügbar waren. Knapp zwei Stunden später sollte laut Fahrplan ein Übergabezug fahren, aber nur bis Industriegelände. R. hatte die Idee, daß dieser Zug auch Trollenhagen bedienen sollte und ließ die für Trollenhagen bestimmten drei Kesselwagen und einen Wagen mit Lebensmitteln anhängen.

Nach der Vorschrift hätte dieser Zug einen Sonderzugfahrplan erhalten müssen, da die Elemente des Regelfahrplans für den Übergabezug bis Trollenhagen fehlten. Wie sich bei der Hauptverhandlung zeigte, waren diese Fahrten bereits öfter ohne Fahrplan miteinander verknüpft worden, ohne daß jemand daran Anstoß nahm.

Der Zugführer sprach mit dem Fahrdienstleiter auf Stellwerk „B 2", wie alles vonstatten gehen sollte. Und der Fahrdienstleiter kündigte beim Fahrdienstleiter/Zugleiter des Bahnhofs Friedland, zu dessen Bereich die Ausweichanschlußstelle Trollenhagen gehörte, die Fahrt an, ohne die Zeit näher zu bestimmen. Um 14.20 Uhr war der Zug fertiggestellt, 10 min später begegneten sich Schichtleiter R. und Zugführer Z. R.: „Kennst Du Dich in Trollenhagen aus?" Z.: „Wenn ich ehrlich sein soll, ich war anderthalb Jahre nicht mehr dort." R., immer noch vom Ehrgeiz gepackt, „die Betriebslage zu normalisieren", entschied sich, selbst als Zugführer zu fahren, wozu er formal berechtigt war.

Auf dem Weg zur Lokomotive erklärte der Schichtleiter dem ursprünglichen Zugführer: „Wir haben Durchfahrgenehmigung bis Trollenhagen." Obwohl es keiner von beiden aussprach, so waren sie sich im Stillen einig: Eine besondere Genehmigung vom Fahrdienstleiter B. wollten sie nicht. Das Versagen des R. bestand darin, daß er mit dem Fahrdienstleiter gar nicht gesprochen hatte, sondern glaubte, das habe der zuerst vorgesehene Zugführer erledigt.

Widersprüche während der gerichtlichen Vernehmung:

R.: „Ich habe mit B. über diese Doppelbedienung gesprochen. B. hat gesagt: ‚Ihr könnt die Trollenhagener Wagen auf der freien Strecke stehenlassen, die Industriegruppe bedienen und nach Trollenhagen weiterfahren."

B.: „Ich habe mit R. nicht gesprochen. Nur mit Z. bin ich die Varianten der Fahrt durchgegangen. Ich riet ihm, die Wagen auf der freien Strecke stehenzulassen, und sagte, Du mußt Dich von unterwegs melden. Warum sollte ich extra mit R. darüber sprechen? Ich wußte ja, daß er vom Industriegelände aus die Zuglaufmeldung geben wird, bevor er nach Trollenhagen weiterfahren will."

Auf die Zwischenfrage des Staatsanwalts, ob er sich im klaren war, daß weder Lok- noch Zugbegleitpersonal einen Fahrplan und einen Befehl N hatten, erwiderte er: „Das hat bei uns noch niemand gemacht."

Um 14.48 Uhr meldete B. dem Friedländer Kollegen den Zug 74 560 nach Industriegelände voraus und informierte ihn bei dieser Gelegenheit, daß der Zug auch Trollenhagener Wagen mitführe. G. in Friedland: „Das wird zu spät!", denn er dachte an den Gmp

68 563, der nach Neubrandenburg zu fahren hatte. B.: „Dann schließt sich der 74 560 in der Anschlußstelle Industriegelände ein, läßt den 68 563 vorbei, und der 74 560 fährt weiter nach Trollenhagen." Daraufhin ließ der Zugleiter von Friedland den Gmp fahren mit der Genehmigung „bis Neubrandenburg Vorstadt". Dort hatte dessen Zugführer vom Fernsprecher aus eine Zuglaufmeldung zu erstatten und hätte die Genehmigung zur Weiterfahrt abzuwarten gehabt, weil sich der Zugführer der Übergabefahrt 74 560 vom Fernsprecher des Industrieanschlußgleises melden mußte oder sollte.

Er meldete sich nicht. Dort, vor der Weiche angekommen, ließ R. die Trollenhagener Wagen stehen und begann mit dem Rangieren. Er drängt zur Eile, weil er an den Gmp 68 563 und an seine Lokomotive dachte, die in Neubrandenburg für einen anderen Zug erwartet wurde. Z. hielt er ab, dem Zugleiter in Friedland eine Zuglaufmeldung zu erstatten. Man bedenke, der Streckenabschnitt vom Signal „Ra 10" in Neubrandenburg (also in der Nähe des Einfahrsignals) bis Trollenhagen lag in der Zuständigkeit des Friedländer Zugleiters und nicht in der des Neubrandenburger Fahrdienstleiters. Jeder „nahm an", der andere werde schon das Richtige tun, ohne es genau zu wissen. Nach der Vorschrift wäre alles glatt abgelaufen, aber mehrere der Beteiligten, auch der Lokomotivführer (der ohne Fahrplan und ohne Befehl N nicht weiterfahren durfte), setzten sich über die Vorschriften und Bedienungsanweisungen hinweg. Wie zerstreute man etwaige Skrupel?

Vielleicht so: Der junge Z. ordnete sich dem älteren, erfahrenen und mehrere Dienstränge höheren R. unter. R. verlieh seiner Aufforderung Nachdruck: „Der Fahrdienstleiter auf ‚B 2' hat doch mit Friedland die Weiterfahrt vereinbart!" Förmlich hatte aber niemand mit ihm diesen Zug über die Anschlußbahn Industriegelände hinaus vereinbart. Weder von dort noch von der Zuglaufstelle Neubrandenburg Vorstadt meldete sich jemand, so daß der Zugleiter davon ausging, der Übergabezug habe sich eingeschlossen, wie es der Neubrandenburger Fahrdienstleiter R. etwa eine Stunde vorher mit ihm besprochen hatte. Das Einschließen wurde aber dadurch ad absurdum geführt, daß man (wie vom Fahrdienstleiter B. inspiriert!) die Trollenhagener Wagen auf dem Streckengleis stehenließ.

Um 15.11 Uhr fuhr der Gmp in Friedland ab. Etwa zu dieser Zeit gab R. dem Lokomotivführer des Übergabezugs das Abfahrtsignal in Richtung Trollenhagen. Z. stellte sich auf dem Führerstand der Lokomotive 112 468 hinter den Lokomotivführer-Anwärter, R. hinter den Lokomotivführer. Alle blickten nach vorn. Plötzlich – der Übergabezug fuhr mit weniger als 50 km/h – kam der Gmp entgegen. Schnellbremsung – Notsignal – Z. sprang nach rechts ab, der Lokomotivführer nach links. Der Lokomotivführer des Gmp (Zugbildung: Gepäck-, drei Personen- und die Güterwagen) sah auf der Lokomotive 112 463 aus etwa 60 bis 80 m Entfernung den entgegenkommenden Zug, ihm blieb nicht viel Bremsweg ...

Um 15.25 Uhr stießen die Züge in km 4,3 zusammen. Drei Reisende bezahlten die Überheblichkeit der Eisenbahner gegenüber Vorschriften und penibler Dienstausführung mit dem Leben. Sieben wurden schwer, 14 leicht verletzt.

Der Sachverständige vor Gericht: „Bei jeder Fahrt sind jeden Zweifel ausschließende Festlegungen zu treffen und nicht willkürlich unterschiedliche Verfahrensweisen, Zugnummern usw. anzuwenden." War aber hier alles so eindeutig, oder war der einzelne Eisenbahner, abgesehen von menschlichen Schwächen und den allgemeinen Umständen bei der DR, nicht überfordert? Die Bedienungsanweisungen für die einzelnen Anschlußstellen waren wegen der unterschiedlichen Bedingungen genauso unterschiedlich. Übergabezüge (das sind die, die von Neubrandenburg nur bis Trollenhagen eingelegt waren) waren hier einzuschließen. Trollenhagen fungierte dann wie eine Zugmeldestelle. Die Nahgüterzüge Neubrandenburg–Friedland wurden nicht eingeschlossen. Der Friedländer Zugteil blieb auf der Strecke stehen, nach der Anschlußbedienung holte der Zugführer von Friedland die Genehmigung zur Weiterfahrt ein. In den Jahren 1984/85 wurden je Quartal in 14 Fällen solche kombinierten Fahrten zur Industriebahn und nach Trollenhagen ausgeführt, 1985/86 waren es in zwei Wochen bereits sechs.[55] Wundert es jemanden, wenn bald alles ein wenig lax gehandhabt wurde? Dem Neubrandenburger Zugpersonal will gar nicht bekannt gewesen sein, daß man Zuglaufmeldungen auch von Neubrandenburg Vorstadt zu erstatten hatte! Gerade beim vereinfachten Nebenbahndienst hängt so viel vom Handeln und so wenig von der Technik ab. Dieser schwere Unfall (in den Tageszeitungen warf er 20 Zeilen ab) traf die Zustände bei der DR in den achtziger Jahren wie im Schlaglicht.

Das Gegenteil: Die hochtechnisierten Französischen Staatsbahnen (SNCF) blieben keineswegs von schweren Eisenbahnunfällen (siehe Tabelle 2) verschont. Der Bahnhof Ay (Strecke Reims–Èpernay–Paris) wurde am 6. November 1988 zum Schauplatz einer Tragödie trotz Automatisierung und mehr oder weniger fortgeschrittener Sicherungstechnik. Mindestens Gedankenlosigkeit war dabei.

Die 26 km lange Strecke Reims–Èpernay wird vom Reims aus ferngesteuert, von einer Sicherungsanlage aus dem Jahre 1961. Der Bahnhof Ay wird von zwei Hauptgleisen durchquert, Gleis A war für Güterzüge, Gleis B für Personenzüge bestimmt. D 358 Luxemburg–Paris fuhr an diesem Tage nicht über Gleis B; sondern über Gleis A und dabei von der Weiche C an in das Nebengleis 3. Es herrschte Nebel, so daß der Lokomotivführer diese Abweichung nicht sofort erkannte und auch für die unerwarteten Verhältnisse zu schnell fuhr. Beim Befahren der Weiche C entgleisten die Wagen der Bauart Corail, neigten sich langsam zur Seite, die Lokomotive BB 15058 traf auf eine mit Gleisbauarbeitern besetzte Draisine.[56] Vier Eisenbahner und fünf Bauarbeiter wurden getötet, elf zum Teil schwer verletzt.

Seit Tagen waren in Ay Instandsetzungsarbeiten an den Weichen im Gange. Damit die

55 Nach Aufzeichnungen im Gerichtssaal während der Hauptverhandlung 2 BS 4/86, weitere Quelle: „Fahrt frei", Berlin 1986, Nummer 10

56 Die Zeitungsmitteilungen gehen auseinander. „La vie du rail" schrieb von 118 km/h Geschwindigkeit, die Weiche durfte von höchstens 30 km/h befahren werden. Nach dem „Volksblatt", Berlin, vom 8. November 1988 fuhr der Zug 118 km/h, laut „Der Tagesspiegel", Berlin, vom 7. November 1988 „nur Tempo 40". Die Wagen seien sehr langsam umgekippt. Nach der „Neuen Zürcher Zeitung" vom 8. November 1988 kippten die Wagen nicht um!

Tabelle 2
Zahl der Todesopfer bei Zugunfällen der SNCF
Quelle: /57/, Seite 10

Jahr	Reisende	SNCF-Eisenbahner	insgesamt
1972	107	9	116[1]
1973	3	3	6
1974	10	6	16
1975	9	4	13
1976	–	2	2
1977	–	3	3
1978	1	6	7
1979	–	1	1
1980	–	3	3
1981	–	3	3
1982	3	7	10
1983	7	1	8
1984	1	2	3
1985	78	4	82
1986	–	–	–
1987	2	–	2
1988	50	7	57[2]

1 104 getötete Reisende, 3 getötete Eisenbahner am 17. Juni 1972 in Vierzy

2 Opfer von Ay nicht enthalten!

Bahnhof Ay zum Zeitpunkt des Unfalls
Zeichnung: aus „La vie du rail"

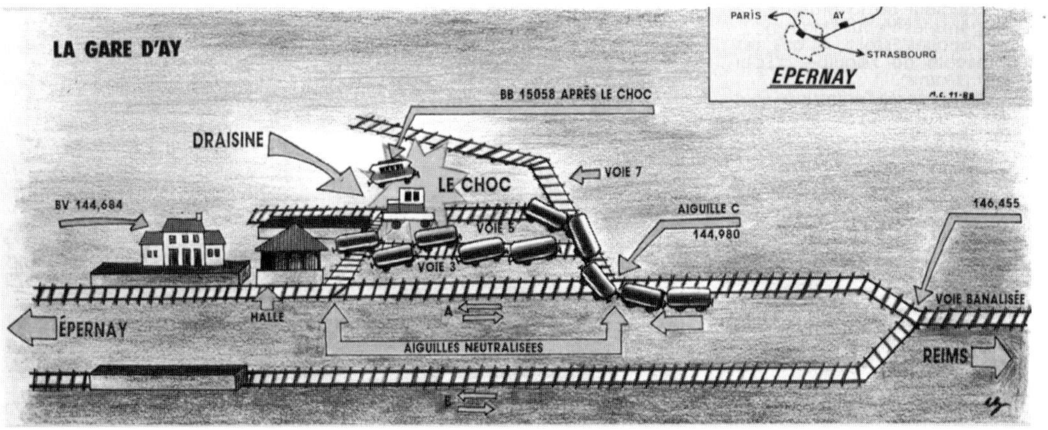

Draisine auf das Gleis 5 ausweichen konnte, mußten die im Gleis A liegenden Weichen umgestellt werden. Zu diesem Zweck beantragte der Bauleiter fernmündlich beim Fahrdienstleiter in Reims, den Verschluß des Gleises A aufzuheben. Mit Hilfe eines Schlüssels wurde ein Weichenschloß aufgeschlossen, danach die Weiche umgestellt.

Um Unfalltag beabsichtigte der Bautrupp, mit der Draisine zurück nach Èpernay zu fahren. Er wartete nicht ab, daß der Fahrdienstleiter in Reims die Gleissicherung aufhob (offenbar in der Annahme, jetzt sei keine Zugfahrt zu erwarten), und schloß die Weiche C auf, stellte sie für die Draisinenfahrt aus Gleis 5 um.

Was er nicht wußte: Der Fahrdienstleiter hatte sich entschlossen, den Schnellzug über das Güterzuggleis fahren zu lassen. Wäre die Fahrordnung eingehalten worden, hätte der Schnellzug nicht in das Nebengleis gelangen können. Die Übersetzung des sicherungstechnischen Vorgangs gibt leider nicht her, wieso in diesem Fall der Zug auf Signal und damit so schnell fahren konnte.[57]

Ay schloß eine Jahresserie von schweren Unfällen der SNCF ab (24. Dezember 1987 d'Issy-Plaine, 27. Juni 1988 Paris de Lyon – siehe 7. Abschnitt, 19. Juli 1988 Matabiau, 6. August 1988 Château-Thierry, 23. September 1988 Voiron /Isère/), so daß sich SNCF und Regierung genötigt sahen, bis 1993 fünf Milliarden Francs in die Sicherheit der Eisenbahn zu investieren, vor allem um das Pariser Streckennetz zu entlasten, den Zugverkehr zu automatisieren und zusätzliche Sicherheitssysteme zu schaffen, letztendlich **um die Gefahr menschlichen Versagens weitgehend auszuschalten.**

57 Des installations de securite „Simplifiees" in: „La vie du rail", Paris 1988, Nummer 2169, Seite 9

58 Werbeslogan der Deutschen Bundesbahn

6

Alles schläft – einer fährt[58]

Unfallstelle im Bahnhof Genthin nach der Flankenfahrt
Foto: ZB/Schulz

„Geistige Absenz beim Lokomotivführer des Güterzugs", lautete die Unterzeile des groß aufgemachten Berichts in der „Neuen Zürcher Zeitung" vom 25. Juli 1982 über den Unfall von Othmarsingen. Sechs Menschenleben und 56 Verletzte hatte der Zusammenstoß des Güterzugs 41 094 mit dem Schnellzug 295 Dortmund–Rimini am 18. Juli 1982 gekostet.[59]

„Geistige Absenz" war das Schlagwort, aus medizinischer Sicht sollte damals nach den Ursachen für die Absenz gesucht werden. Denn, so hatte der SBB-Vertreter auf der Pressekonferenz mitgeteilt, zur fraglichen Zeit hätten alle bahntechnischen Anlagen ordnungsgemäß funktioniert. Der Lokomotivführer war geistig weggetreten, als er die Signale mißachtete. Was sonst? Daß er schlicht eingeschlafen war, konnte oder wollte man nicht eingestehen. Ein eingeschlafener Lokomotivführer – ist der nicht mit dem müde gewordenen Kraftfahrer zu vergleichen? Der hält an, schöpft frische Luft oder macht sein Nickerchen. Wie sicher sind die technischen Vorkehrungen der Bahn gegen solche menschlichen Schwächen?

Der 45jährige Lokomotivführer erschien in Basel am 17. Juli um 21.45 Uhr ausgeruht zum Dienst, nachdem zwei Ruhetage hinter ihm lagen. In der Freizeit hatte er das Amt des Präsidenten der Eisenbahner-Baugenossenschaft ausgefüllt und war gewandert.

Im Zürich Hbf lief an diesem Abend wegen einer sportlichen Großveranstaltung nicht alles nach Plan, so daß der Lokomotivführer 1 min vor der planmäßigen Abfahrt aus dem Führerstand seines Schnellzugs geholt wurde und zu einem Zug in Richtung Gotthard rennen mußte, der dann mit halbstündiger Verspätung abfuhr. In ihm reiste er als Fahrgast, dafür entfiel die planmäßige Pause in Erstfeld.

Als er um 1.50 Uhr mit dem Transitgüterzug 41 094 nach Basel abfuhr, fühlte er sich normal. Schwyz, Arth-Goldau hatte er durchfahren, in Muri, auf halbem Wege zwischen Erstfeld und Basel überkam ihn Müdigkeit. Er öffnete im Führerstand ein Fenster, schöpfte frische Luft und schloß es bis auf einen Spalt wieder. Dann sang er, um gegen den Schlaf anzukämpfen, glaubte, die Krise sei vorbei.

Der Zug fuhr jetzt auf das Dreieck bei Lenzburg zu, wo sich die Strecken nach Olten, Arth-Goldau und Zürich verzweigen. Am östlichen Eck liegt Othmarsingen, doch von der Einfahrt in diesen Bahnhof an nahm der Lokomotivführer nichts mehr wahr. Dort zeigten das kombinierte Einfahrt- und Ausfahrvorsignal „Halt erwarten", ein Gleisabschnittsignal (eine Art Zwischensignal) wieder „Halt erwarten" und schließlich das Ausfahrsignal „Halt". Als der Lokomotivführer noch mit 85 km/h fuhr, schreckte er aus dem Schlummer, weil das Alarmsignal der Zugsicherung „Signum" tönte und die Zwangsbremsung einsetzte. Wie bei ähnlichen in diesem Buch beschrieben Unfällen war es zu spät, denn der 975 t schwere Zug brauchte vom Einsetzen der Bremse bis zum Anhalten 350 m. Bis zum Gefahrpunkt hinter dem Ausfahrsignal, der Weiche, über die zur gleichen Zeit der Schnell-

59 In Preuß „Eisenbahnunfälle in Europa", Berlin 1991, Seite 89, erörtert. Mit Hilfe des seinerzeitigen Gerichtsberichterstatters Ruedi Eichenberger ist hier die Hintergrunddarstellung möglich.

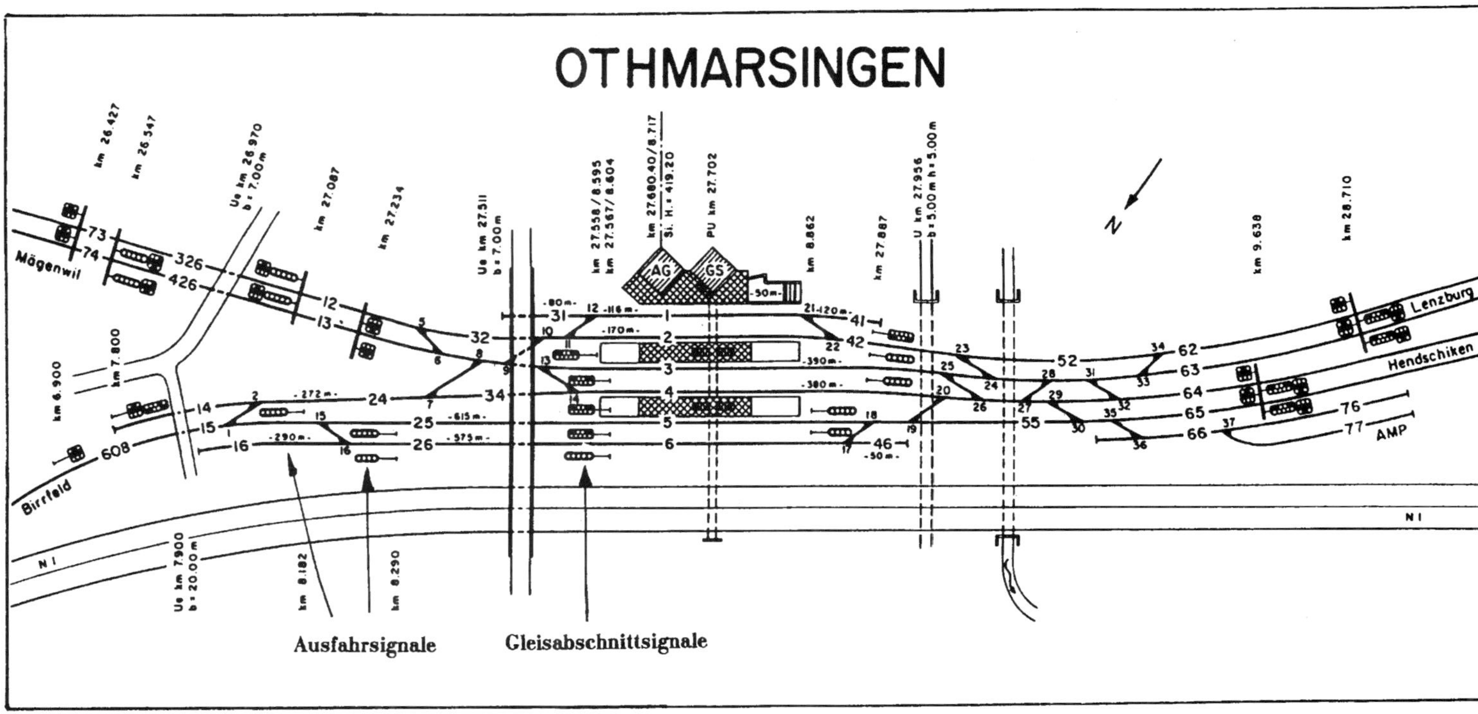

Gleisplan Othmarsingen. Zug 41 094 mißachtete das am Gleis 5/25 links stehende (in der Schweiz die Regel) Ausfahrsignal und fuhr auf der Weiche 15 dem D 295 in die Flanke, der von Birrfeld über Gleis 5/25 nach Gleis 4 einfuhr.
Zeichnung: SBB

zug fuhr, waren es lediglich 200 m. Technisches Versagen lag nicht vor, wie die SBB-Fachleute erklärten.

Was war technisch zur Sicherheit der Züge aufgeboten? Die Signale, vom Fahrdienstleiter in Lenzburg ferngesteuert, funktionierten einwandfrei. Dann die sogenannte Wachsamkeitsüberprüfung, auch Sicherheitsfahrschaltung (Sifa) genannt, sie soll die Wachsamkeit des Lokomotivführers prüfen. Er hat – bei den verschiedenen Bahnverwaltungen und mit den Epochen ist die Bauart unterschiedlich – ein Pedal oder eine Wippe zu drücken. Die Erfinder gingen davon aus, daß im Falle des Unwohlseins oder des Einschlafens diese Wippe entweder gedrückt bleibt oder gar nicht bedient wird, was zur Zwangsbremsung führt. Die Praxis lehrt allerdings, daß schläfrige Lokomotivführer die Wippe auch im Unterbewußtsein bedienen. Selbst wenn dieser Rhythmus unterbleibt, ist der Weg bis zum Auslösen der Zwangsbremsung des Zuges noch so lang, daß es zum Unfall kommen kann. Hier waren es 1 600 m seit der letzten Schaltbewegung. Im Unterbewußtsein hatte der Lokomotivführer sogar noch den Fahrschalter bedient und dadurch die Geschwindigkeit erhöht.

Was kann man dagegen tun? Für eine schnellere Reaktion der Brems- und Maschinenanlage sorgen? Dann müßte der Lokomotivführer in immer kürzeren Abständen die Sifa bedienen, wäre schließlich durch sie derart beansprucht, daß die Signalbeobachtung und die Bedienung der Lokomotive litten, wenn nicht sogar unmöglich wären.

Die DR und der Medizinische Dienst des Verkehrswesens der DDR haben einmal eine Sifa-Brille erprobt, die auf die Lidbewegungen des Trägers reagierte. So ideal sie auf Wachen und Einschlafen ansprach, sie wurde von den Probanden wegen ihres Gewichts abgelehnt. Brilletragen war einfach unbequem.

Die Sifa ist, wie im 1. Abschnitt bereits erklärt, lediglich eine Einrichtung, die die Anwesenheit des Lokomotivführers im Führerstand kontrolliert. Ein Mittel gegen die Müdigkeit ist sie nicht! Die andere Sicherheitsvorkehrung ist die Zugbeeinflussung. Sie „versagte" hier aus den gleichen Gründen, wie von anderen Beispelen bekannt (siehe 2. und 3. Abschnitt). Es fehlte der Gleismagnet beim Gleisabschnittsignal, und den 500-Hz-Magneten zur zwischenzeitlichen Überwachung, ob der Lokomotivführer die Geschwindigkeit auch herabgesetzt hat, gibt es bei den SBB nicht. Der Einbau des Gleismagneten am Gleisabschnittsignal war in einem Zehnjahresprogramm der SBB vorgesehen und wurde nach dem Unfall nachgeholt.

Blieben vor dem Bezirksgericht von Lenzburg das menschliche Versagen, die Müdigkeit, der Schlaf zu bewerten, der den Lokomotivführer ausgerechnet dort übermannte, wo die Strecke Othmarsingen–Birrfeld eingleisig wurde und der Güterzug die Vorbeifahrt des zur Riviera fahrenden Schnellzugs abzuwarten hatte.

Welche strafrechtliche Schuld hatte der Lokomotivführer auf sich geladen, oder galt der Schlaf als Entschuldigung? Andere Lokomotivführer: „Mir hätte dies auch passieren können." „Jeder kämpft gegen die Müdigkeit, bis er am Ziel ist."

Der Staatsanwalt: „Anhalten!" Der Gerichtspräsident: „Ein Lokführer darf sich ein Einschlafen einfach nicht leisten." Die Mehrheit des Gerichts: „Er hätte beispielsweise in der

Kabine herumgehen, das Fenster auf die Gefahr des Erkältens hin ganz geöffnet lassen oder einen Bissen essen müssen."

Für den Fall des Unwohlseins und der Müdigkeit sehen sicherlich die Vorschriften jeder Bahnverwaltung ein Verhalten vor, das die Sicherheit garantieren soll. Aber auch einem Vertreter der SBB war in seinen 20 Dienstjahren kein Fall bekannt, in dem ein Lokomotivführer deswegen einen Zug auf dem nächsten Bahnhof angehalten hätte. Dem Autor dieses Buches auch nicht. Die Folgen derartigen Handelns schrecken den Eisenbahner davon ab. Der später zu einer bedingten Gefängnisstrafe von drei Monaten Verurteilte erklärt vor Gericht: „Ich könnte mir vorstellen, daß ich am andern Tag zum Psychiater müßte."[60] Das sehr milde Urteil zeugte gewiß vom Verständnis des Gerichts für die menschliche Schwäche.

In der Nacht vom 14. zum 15. Mai 1986 schlief der Lokomotivführer des Dg 43 461 ein, als er sich dem Bahnhof Genthin näherte. Dabei fuhr er am haltzeigenden Ausfahrsignal vorbei. In diesem Augenblick fuhr vom Nachbargleis Zug 89 741 aus, den es in der Flanke traf. Die 132 119 schob es über die Güterwagen, übrig blieben ein großer Trümmerhaufen und ein verletzter Lokomotivführer.

Er gestand in der Vernehmung, eingeschlafen zu sein und, als er aufwachte, die Orientierung verloren zu haben. Er wußte nicht, wo er sich befand. Ehe er sich zu einer Reaktion entschloß, zum Anhalten, war es zu spät. Zu lange hatte er gezögert. Die Strecke war mit Indusi-Gleismagneten ausgerüstet, die Lokomotive auch mit der Indusi-Fahrzeugeinrichtung. Sie hätte mit Sicherheit die fehlende Aufmerksamkeit des Lokomotivführers gegenüber den Signalen überbrückt und zur Zwangsbremsung geführt. Aber der Fahrzeugmagnet war wegen einer Störung abgeschaltet! Nach einer psychologischen Untersuchung wurde das Ermittlungsverfahren eingestellt, der Lokomotivführer blieb im stationären Dienst.

Daß Unterforderung das Einschlafen erleichtert, ist Praktikern wie Theoretikern bekannt. Als Beispiel dient dafür der Unfall am frühen Morgen des 29. November 1987 am Haltepunkt Ruis-Bolo (Strecke Tbilissi–Bejuk-Kjasik). Dort war in der Nacht der Güterzug 2005 mit dem Post- und Gepäckzug 905 zusammengestoßen, der am Schluß zehn Personenwagen mitführte.

Ein Schrankenwärter (dem man später vorwarf, er habe den Unfall deshalb mit verschuldet, weil er keine Knallkapseln auslegte) hatte den Zug 905 am Bahnsteig halten und auf gleichem Gleis den Güterzug nahen sehen. Er rannte ihm mit der Laterne entgegen, gab Haltsignale, doch das Lokomotivpersonal reagierte nicht darauf. In der „Gudok", Zeitung der sowjetischen Eisenbahner, hieß es nur lakonisch: „Bei der Katastrophe wurde die Lokomotivbrigade des Güterzuges getötet. Opfer sind auch unter den Reisenden zu beklagen."

60 „Aargauer Tagblatt" vom 18. Mai 1983

Dem Unfall vorausgegangen war ein Rückstau der Züge am aserbaidshanisch-georgischen Grenzbahnhof Bejuk-Kjasik, etwa 40 km vor Tbilisi, der georgischen Hauptstadt. Auf ihn rollten nacheinander die Güterzüge 2003, 2001, der Post-Gepäckzug 905 und der Güterzug 2005 zu. Aufgehalten wurden sie durch eine Langsamfahrstelle von 15 km/h und gestörten automatischen Streckenblock. Ein Blocksignal zeigte „Halt", obwohl der vorgelegene Abschnitt unbesetzt war. Zug 2003 hielt an, danach auch die anderen Züge. Nach den Aufzeichnungen des Fahrtschreibers zu urteilen, war Lokomotivführer D. auf dem rückgelegenen Bahnhof Gardabani noch wach. Dort hatte er bei Ein- und Ausfahrt eine Geschwindigkeitsbeschränkung zu beachten und bremste dementsprechend. Dann muß er eingeschlafen sein, reagierte auf die Sicherheitsfahrschaltung im Unterbewußtsein. Kurz vor dem Zusammenstoß brachte er noch den Griff des Führerbremsventils in die Schnellbremsstellung. Der Tod holte Lokomotivführer und Beimann auf ihren Stühlen.

Zug 2005 wurde geführt von einer elektrischen Lokomotive nicht aus Tbilissi, sondern aus Leninakan. Die Leninakaner Maschinen verfügten nicht über die Warneinrichtung, die einsetzte, wenn ein haltzeigendes Signal nicht beachtet worden war – eine primitive Form der Indusi, die sich nur akustisch bemerkbar macht.

Die Unfalluntersuchungskommission stellte fest: Das Personal war sieben Stunden im Dienst, acht Stunden waren zugelassen. In diesen sieben Stunden war die Lokbrigade ganze 40 km gefahren. Der Dienst bestand aus nächtlichem Abwarten, das beste Mittel, um den Menschen einzuschläfern!

Zudem zweifelte man, ob der Beimann die 30 Stunden Ruhe vor dem Dienstantritt dafür nutzte. Planmäßig hätte er am Tag Dienst gehabt. Er tauschte ihn extra, um zu dieser Zeit etwas erledigen zu können. Möglicherweise erschien er wenig ausgeruht zum Nachtdienst. Lokomotivführer D. wiederum hatte in den 27 Novembertagen 108 Überstunden geleistet, und er stand in seinem Depot damit nicht an der Spitze.

„Das Kollegium des Verkehrsministeriums hat die Materialien der Untersuchung des Zugunglücks mit den schwerem Folgen auf der Kaukasusbahn eingehend erörtert", hieß es in der „Gudok". „Es wird hervorgehoben, daß das Zugunglück mit seinen schweren Folgen möglich wurde durch die verbrecherisch fahrlässige Haltung einer Reihe von Mitarbeitern der Kaukasusbahn gegenüber ihren dienstlichen Obliegenheiten, durch eine Atmosphäre der Disziplinlosigkeit und Abwesenheit jeglicher Kontrolle. (...) Bei der Bahn wird das Arbeitsrecht grob verletzt. Notwendige Arbeiten zur Erfüllung des Befehls Nr. 28 Z ‚Über Maßnahmen zur Verbesserung der techischen Instandhaltung und Nutzung der Lokomotiven, 'die Organisation von Arbeit und Erholung der Lokomotivbrigaden' unterblieben. Im laufenden Jahr gab es 4 600 Verletzungen des Arbeitsregimes der Brigaden, was die Zahl vom vorigen Jahr um das Doppelte übersteigt. Die Überstundenarbeit wuchs um 13,9 % und betrug 962 000 Stunden. Der Lokführer des Zuges 2005 D. hatte innerhalb von 3 Monaten 248 Überstunden und sein Gehilfe B. im Jahr 1987 insgesamt 620 Stunden ..." Mit großem Schwulst wurde die Ersetzung der Leiter innerhalb von zwei Monaten „durch kompetente, hochqualifizierte Fachleute" angekündigt und mitgeteilt, wer alles zur Verantwortung gezoge wurde.[61]

In welchem Zusammenhang diese Maßnahmen mit dem Unfall wirklich standen und ob etwas gegen Müdigkeit im Dienst unternommen wurde, ging aus den Veröffentlichungen, wie in der UdSSR seinerzeit üblich, nicht hervor.

Am 12. März 1988 bremste der Lokomotivführer G. auf der SŽD-Lokomotive 2M62-0519 den 5 216 t schweren Güterzug 3441 nicht ab. Es war 4.05 Uhr, als der Zug bei der Einfahrt in den Bahnhof Predportowaja (Strecke Bugenjaj–Klaipeda) hätte die Geschwindigkeit auf 25 km/h ermäßigen müssen. Von Bugenjaj bis Wajnede werden die schweren Züge wegen der Steigung nachgeschoben. Hier setzte sich die Schiebelokomotive ab, nach 2 min fuhr der Zug weiter, ohne die vorgeschriebene Bremsprobe erhalten zu haben. Vor dem Entgleisungsort hatte der Zug bereits vom rückgelegenen Bahnhof an die Geschwindigkeit überschritten, statt der 50 km/h fuhr er mit 58 km/h weiter.

Weil die Sifa nicht bedient wurde, setzte die Bremsstufe ein, in der Spitzenweiche entgleisten von 64 Kesselwagen 34 und stürzten um. Das Mineralöl ergoß sich über die Schienen in den Giruljajsker Park, der von den Klaipedaern zur Erholung benutzt wird. Fünf Tage dauerte es, bis man der Umweltkatastrophe einigermaßen Herr wurde.

Die sowjetische Eisenbahnerzeitung „Gudok" führte in einem fast literarischen Bericht alle möglichen Versäumnisse des Lokomotivpersonals (Trinker, Schläger) und der Leiter auf, nicht aber, warum G. die Geschwindigkeit nicht ermäßigte.[62] Waren er und sein Beimann eingeschlafen? Vieles deutet darauf hin.

61 „Gudok", Moskau, vom 1. Dezember 1987

62 „Gudok", Moskau vom 7. April 1988

7

Warum bremste er nicht?

Kam ebenfalls ab und zu vor: der Absturz der Lokomotive in die Drehscheibengrube: DR-Baureihe 92 (!) in einem Budapester Heizhaus.

Wenn Polizei, Staatsanwalt und Fachleute der Eisenbahn am Unfallort erscheinen, um die Ursache zu ergründen und den Schuldigen zu finden, stehen sie mitunter vor Rätselhaftem. Zunächst sehen sie nur die Folgen, die Trümmer, das entgleiste Fahrzeug, und der erste gedankliche Schritt müßte es sein, zwischen Ursache und Folge zu trennen, damit es umso leichter fällt, deren kausalen Zusammenhang herzustellen.

Wie hilfreich ist es, wenn der beteiligte Eisenbahner wahrheitsgemäß und ohne die Maßregelungen und Strafen zu fürchten, die Fehler bekennt. Das muß er nicht, wie auch sonst niemand verpflichtet ist, sich zu beschuldigen oder seine Unschuld zu beweisen.

Mancher ist sich wirklich keiner Schuld bewußt, glaubt, sich richtig verhalten zu haben, vermutet technisches Gebrechen. Wie sollte man aber, solange es keine Indusi-Aufzeichnung gab, nicht einmal die Aufzeichnung der gefahrenen Geschwindigkeit – bei der Deutschen Reichsbahn hielt dieser haltlose Zustand bis Ende der siebziger Jahre an! – wissen, ob die überschrittenen Grenzmaße oder die Überschreitung der zulässigen Geschwindigkeit oder beides im Zusammenhang zur Entgleisung führten. Die Oberbau-, Wagen- und Lokomotivexperten grübeln lange und streiten.

Das Problem ist nicht etwa die Formulierung in den Unfallakten oder das Sich-Einigen der Fachleute, vielmehr ist zu befürchten, daß der unaufgeklärter Unfall nicht dazu beiträgt, den technischen Mangel zu beseitigen und Technik sowie Organisation derart weiterzuentwickeln, daß es nicht erneut zum Unfall kommt.

Von einem „Massenunglück, wie es die Chronik Königsbergs seit vielen Jahren nicht aufzuweisen hat", schrieb eine Königsberger Zeitung am 14. Juni 1913 über die Entgleisung des Gmp 237 bei der Einfahrt nach Gleis 4 des Lizentbahnhofs von Königsberg (Strecke Königsberg–Pillau/Cranz).[63]

Die Lokomotive, T 9 Nummer 7292, hatte den 51 Achsen starken Zug mit einer Geschwindigkeit von 35 km/h vom Pregelbahnhof gebracht. Er diente vor allem Arbeitern der zwischen Pregelbahnhof und Ratshof gelegenen Betriebe zur Heimfahrt. Am Unfalltag führte er keine Güterwagen mit und wurde vom Lokomotivführer luftgebremst, was seinerzeit bei Güterzügen neu war.

Der Fahrweg zeichnete sich durch vier ununterbrochen wechselnde Gleisbogen aus, nacheinander mit Halbmessern von 250, 200, 1200 und 180 m. Der letzte 180-m-Bogen war durch den krummen Strang der unmittelbar anschließenden Weichen 145 und 16 (Neigung 1:9) bedingt.

Diese Gleisanlage mit den zweimaligen Gegenbogen erwies sich natürlich für die Fahrdynamik und die Führung der Fahrzeuge als ungünstig, weshalb die Eisenbahndirektion über eine Länge von 1 160 m im Fahrplan die Geschwindigkeit auf 30 km/h beschränkte.

Warum entgleisten der zweite Wagen in einer Weiche, nach ihm die Lokomotive, dann der erste, der dritte, schließlich der vierte und fünfte Wagen? Umstellen einer Weiche unter dem Zug war dank der blockelektrischen Festlegung der Fahrstraße ausgeschlossen.

63 Königsberger Hartungsche Zeitung, alle weiteren Zitate aus Unfallakten der Eisenbahndirektion Königsberg, Standort: Zentrales Staatsarchiv der DDR in Merseburg, jetzt Geheimes Preußisches Staatsarchiv

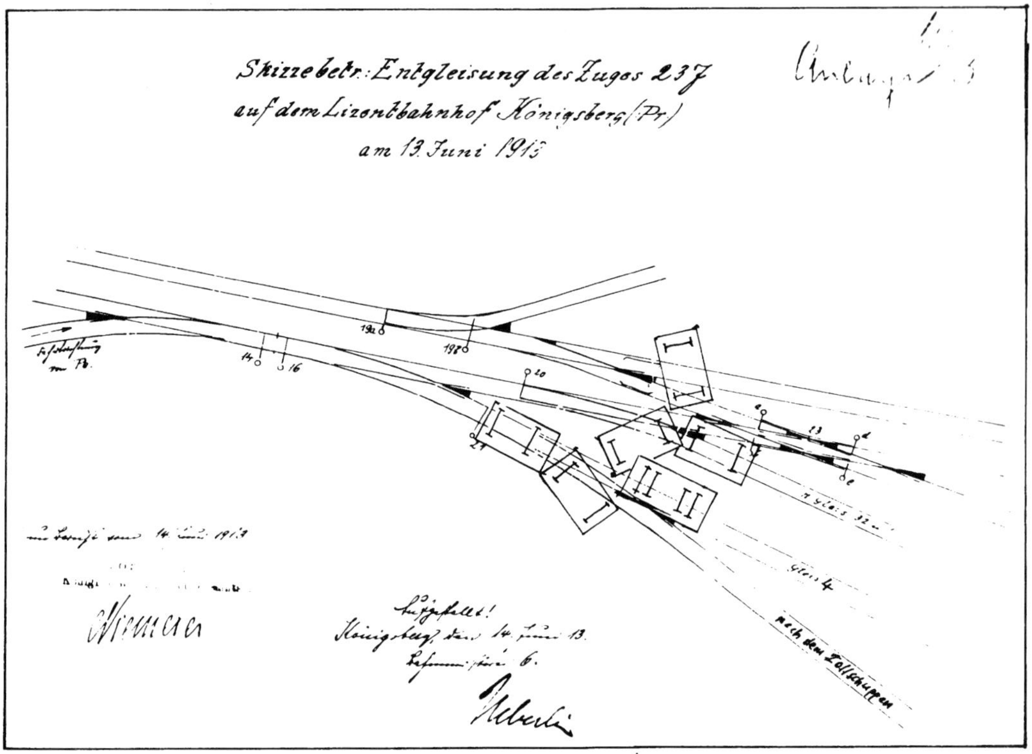

Originalskizze von der Unfallstelle
Quelle: Akte 93 E Nummer 14157, Staatsarchiv Merseburg

Regierungsbaumeister Niemeier, Amtsvorstand des Königlichen Eisenbahnbetriebsamts Königsberg I, fand eine Menge Entgleisungsspuren. Wie üblich mußte er sie „sortieren", damit er sich Gewißheit über die Ursache verschaffen konnte.

Im Protokoll liest sich das so: „Die Entgleisung erfolgte etwa 45 m hinter der Zungenspitze und etwa 1 m vor der Zungenwurzel von Weiche 16, wie aus dem ersten Entgleisungsmerkmal in Gestalt einer Einkerbung in einem Gleitstuhl der in der Fahrtrichtung gesehen rechtsseitigen Weichenzunge hervorgeht. Es muss daher auch an dieser Stelle das linke Vorderrad des zweiten Wagens über die äussere Schiene gestiegen sein. Die Nach-

Erläuterung zur Unfallweiche 16: Lage der Weichenzunge nach dem Unfall (= gestrichelt), Drehgestell gebrochen, Stoß hinter dem Drehgestell, Erste Spur der Entgleisung. Die am Radreifen des linken vorderen Rades vom zweiten Wagen festgestellte Abplattung des Spurkranzes ist voraussichtlich durch Anpressen des Rades auf dem Zungenstück von a–b entstanden, worauf bei b das Übersteigen des linken vorderen Rades stattfand und durch das rechte vordere Rad der Drehstuhl bei c abbracht.

Anmerkung

Die eingeklammerten Spurweiten sind die vorgeschriebenen, die nicht eingeklammerten die unmittelbar nach dem Unfall festgestellten.

Quelle. Akte 93 E Nummer 14157, Staatsarchiv Merseburg

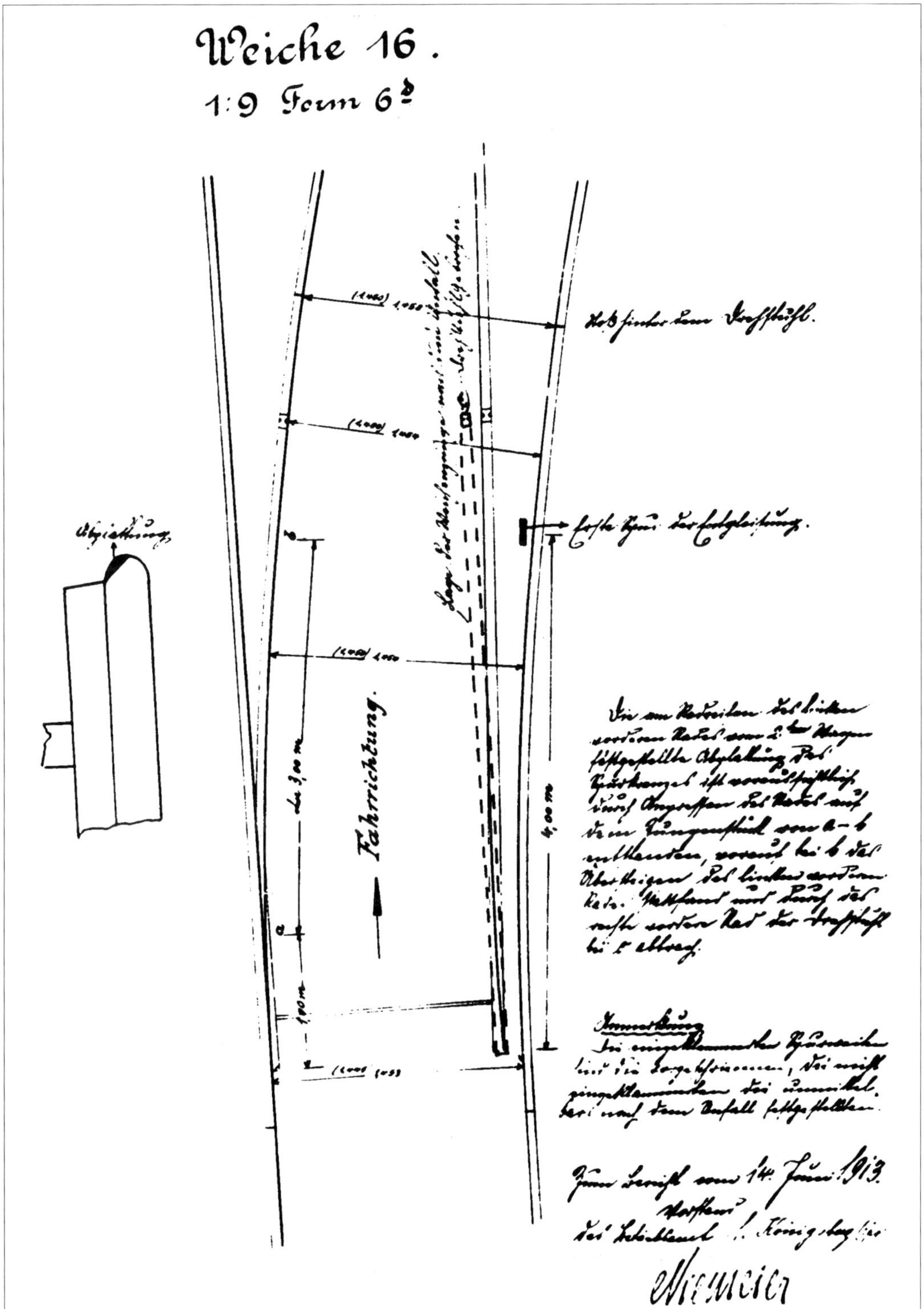
Weiche 16.
1:9 Form 6d
Fahrrichtung
4,00 m

prüfung der zuerst entgleisten Vorderachse des zweiten Wagens ergab eine ziemlich auf den ganzen Radumfang sich ausdehnende starke Abplattung des linken Vorderrades dieser Achse an demjenigen Teile des Spurkranzes, der beim Anpressen der äusseren Ränder eines Fahrzeuges gegen eine gekrümmte Schiene dem Aufsteigen des Radkranzes entgegenarbeitet. Die Art, wie diese Abplattung an den unbeschädigten Teil des Spurkranzes absetzte, liess deutlich erkennen, dass die Deformation beim Unfall entstanden und auf das Aufsteigen zurückzuführen ist. Bei rd. 96 cm Raddurchmesser ist daher auf etwa $3{,}14 \cdot 0{,}96 = 3$ m Gleislänge das Bestreben des linken Vorderrades aufzusteigen unter ständigem Aufsteigen und Wiederabgleiten wirksam gewesen, bevor das Uebersteigen stattfand. Da die erwähnte Abplattung des Spurkranzes nur durch Anpressen des rollenden Rades im krummen Weichenstrang gegen die gekrümmte Schiene entstanden sein kann, so ist als erwiesen anzunehmen, dass das Rad noch sicher in die Weichenkrümmung eingefahren ist, dass daher ein Aufschneiden der Zungenspitze infolge Klaffens nicht stattgefunden haben kann, dass vielmehr die Entgleisung erst etwa 1 m vor der Zungenwurzel erfolgt ist."

Der Entgleisungshergang war erklärt, aber wieso kam es überhaupt dazu? Die Weiche 16 zeigte keine Spurabweichung, selbst nach dem Unfall lag die Zungenspitze noch dicht an. Spurkränze und Radreifen ergaben bei den Messungen in der Hauptwerkstätte keine unzulässige Abnutzung. Auch an den Puffern ließ sich nichts finden. Die gebrochenen und verschobenen Tragfedern und verbogenen Achsgabeln waren die Wirkung der Entgleisung und nicht etwa deren Ursache.

Sie zu finden, geboten die Auswirkungen dieses Unfalls: Sieben Schwerverletzte, von ihnen drei in Lebensgefahr, 31 Leichtverletzte!

Die herbeigeeilten Techniker, vom Ober-Regierungsrat bis zum Regierungsbaumeister neun an der Zahl, spekulierten über eine überhöhte Geschwindigkeit des Zuges, nachweisen konnten sie diese nicht. Blieben die Aussagen des Zugpersonals, das sich selbstredend nicht belastete. Der Lokomotivführer gab an, vom Stellwerk „Knwb" an den Regler geschlossen und erst nach der Entgleisung des zweiten Wagens die Schnellbremsung ausgeführt zu haben.

Die Experten reimten sich den Unfallhergang zusammen, eine Methode, die auch späteren Generationen aus der Not der Erklärung half: „Als vermutliche Ursache des Unfalls ist anzusehen, dass der Zug nicht mit gestreckten Kuppelungen durch die Gegenkrümmungen vom Festungstor bis Weiche 16 befördert wurde und dass infolge des starken Bewegungswiderstandes des vorderen Zugteils in den Krümmungen ein Auflaufen des hinteren Zugteils auf die vorderen Wagen erfolgte, was eine starke Zusammenpressung dieser Wagen zur Folge hatte, wobei der zweite Wagen aus dem Gleis herausgedrückt wurde." Drei von der Direktionskommission angeordnete Probefahrten mit einem ähnlich zusammengestellten Zug und sogar 45 km/h Geschwindigkeit, bei dessen Fahrt zudem das Verhalten der Puffer genau beobachtet und notiert wurde, brachten ebenfalls keinen Aufschluß. Die Direktionskommission fand zusätzlich heraus, daß das hinsichtlich das Gleisbogens

Diese Lokomotive schob den Prellbock vor sich her und stürzte in die Löberstraße von Erfurt, vermutlich 1895. Foto: Sammlung Preuß

bereits ungünstig gelegene Gleis auf 120 m Länge gleichmäßig bis zu 8 cm gegen die ordnungsgemäße Lage abfiel, aber Entgleisungsursache sollte auch das nicht sein.

Wie sollte man solchen Unfällen zuvorkommen? Die Lokomotivführer wies man an, „die einfahrenden Züge stets mit gestreckten Kupplungen durch die Gegenkrümmungen der Langsamfahrstellen zu befördern." Das erforderte Kunst beim Befördern der Züge. Den Bahnhof umzubauen, um die ungünstige Trassierung zu verlassen, diesen Vorschlag unterließ man im sparsamen Preußen sicherlich der Kosten wegen. Eine Merktafel mit der Aufschrift „30 km, Zug ziehen!" sollte das Aufklettern der Wagen verhindern.

1929 erhielt Königsberg einen neuen Hauptbahnhof, endlich wurden die alten Privatbahnhöfe, der Ostbahnhof, der Südbahnhof und der Lizentbahnhof mit ihren ungünstigen Gleisanlagen aufgegeben. Das Streckengleis nach Pillau und Cranz führte jetzt westlich am Lizentbahnhof vorbei, enge Bogen meidend.[64]

Am 13. Mai 1890 wurde auf dem Bahnhof Dirschau um 22.16 Uhr die Ankunft des Personenzugs aus Danzig erwartet. Er sollte auf dem Stumpfgleis einfahren, dessen Ende von einer Schiebebühne begrenzt wurde. Sie schob die vom Zug jeweils eingeschlossene Lokomotive auf das benachbarte freie Gleis. 12 m dahinter lag die Front des Empfangsgebäudes.

Vor der Einfahrt in das Stumpfgleis hatte der Lokomotivführer die Geschwindigkeit zu ermäßigen, damit er vor der Schiebebühne auch zum Halten kam. Die Geschwindigkeitsbeschränkung sollte zudem vorbeugen, sich beim Bremsen zu verschätzen.

64 siehe auch Siegfried Bufe: Eisenbahnen in West- und Ostpreußen, Egglham und München 1987, Seiten 70, 71

Dieser Zug durchbrach am 23. Oktober 1895 die Fassade in Paris-Montparnasse.
Foto: Sammlung Preuß

Daß diese Vorschrift mitunter nicht beachtet wurde, zeigen die Unfälle auf solchen Gleisen. Kaum ein Bahnhof mit Stumpfgleis blieb von ihnen verschont, sehr bekannt wurde der in Frankfurt (Main) vom 16. August 1846 und der vom 16. Dezember 1901, als die Fahrt des Ostende-Wien-Expreß im Wartesaal 1./2. Klasse unter dem Kristall-Leuchter endete.

Im Falle Dirschau kam der Zug mit unverminderter Geschwindigkeit an. Der Lokomotivführer ließ keine Anstalten erkennen, daß er den Zug bremste (sieben der acht Wagen besaßen die durchgehende Druckluftbremse). Die Wucht des Aufpralls auf die Mauer war so groß, daß sie den Zug nicht aufhielt, sondern er fuhr durch einen 4,7 m tiefen Dienstraum, einen 3 m breiten Flur und brach in ein Kellergewölbe ein. Zwei Personen-, der Post- und der Gepäckwagen wurden erheblich beschädigt, der Lokomotivführer, der Heizer, ein Postbeamter getötet, fünf Menschen im Zug schwer verletzt.

Was bewog den Lokomotivführer, in den Tod zu fahren? War er geistesabwesend, nachlässig, lebensmüde? Warum griff auf dem Führerstand der Heizer nicht in die Fahrt ein?

Der Zug kam 5 min vor der planmäßigen Zeit an, was nur dadurch möglich war, daß der Zug vom rückgelegenen Bahnhof Hohenstein an, auf dem er durchzufahren hatte, – rechnerisch ermittelt – statt 60 km/h 86 km/h gefahren sein soll. Derartigen Berechnungen kann das Zugmeldebuch dienen, und das macht das Ergebnis ungenau, weil sich die Flüchtigkeitsfehler beim Ablesen der Uhr und beim Eintragen der Ab- oder Durchfahrtszeit einstellen konnten. Eine Uhr mit Minuten-Zeigersprung kann bis zu 59 s Differenz bringen. Hinzu kommen Ablesefehler sowie die kurze Entfernung Hohenstein–Dirschau von 11,2 km, die die Ungenauigkeit vergrößert.

Trotzdem: Warum hatte der Lokomotivführer nicht angehalten? Lag eine Bremsstörung vor, hätte er während der Durchfahrt im Rangierbahnhof darauf aufmerksam machen können. Nichts wurde davon bemerkt. Normalerweise setzt ein Lokomotivführer die erste Bremsstufe erst vor dem Einfahrsignal an, so daß er ein technischen Gebrechen, wie es seinerzeit bei den Druckluftbremsen schon vorkam, ziemlich spät bemerkt hätte. Aber nicht erst am Einfahrsignal, bei der – nach Meinung der den Unfall untersuchenden Fachleute – zu hohen Geschwindigkeit hätte er doch bremsen und eine Störung bemerken müssen!

Im Abstand von 232 m vor der Schiebebühne gab ein Überwegswärter Haltsignale. Auch hier geschah nichts. Zumindest von hier an hätte der Lokomotivführer

- die Druckluftbremse bedienen,
- Gegendampf einleiten sowie
- Notsignale mit Dampfpfeife geben

können und müssen. Das Zugbegleitpersonal hätte, solcherart auf die Gefahr aufmerksam geworden, wenigstens die Handbremsen angezogen. Das sah auch die Dienstanweisung vor.

Den Vorwurf, sich nicht von sich aus der Dienstanweisung gemäß verhalten zu haben, parierte das Zugbegleitpersonal: „Eine nachlässig große Fahrgeschwindigkeit des Zuges hat sich erst in geringer Entfernung vor der Unfallstelle bemerkbar gemacht." Die Untersuchungsgruppe vom Betriebsamt Dirschau fand wegen der Unfallschäden keinen Anhalt, ob versucht wurde, die Bremsen – Druckluft-, Hand- oder Tendergewichtsbremse – zu bedienen. Niemand im 1,5 km langen Bahnhof hatte Bremsgeräusche gehört.

Immerhin war ein Reisender von der „rasenden Fahrt" am Bahnsteig entlang derart aufgeschreckt worden, daß er die Notbremse zog. Diesem Umstand soll es zuzuschreiben sein, daß beim Aufprall auf die Bahnhofsmauer die hinteren Wagen nicht auf die vorderen aufliefen. Da sämtliche Reaktionen (Bremsen, Gegendampf, Notsignale) ausgeblieben waren, mutmaßte sogar Minister Breitenbach: „Nach Allem erscheint es nicht zweifelhaft, daß der Lokomotivführer und der Heizer den beklagenswerthen Unfall verschuldet haben, ob dieselben ihre dienstlichen Obliegenheiten aus Nachlässigkeit nicht erfüllt haben oder durch besondere Umstände an der Erfüllung ihrer Pflicht verhindert worden sind, wird, da Beide bei dem Unfall ihren Tod gefunden haben, wohl ewig unaufgeklärt bleiben, es erübrigt nur, Muthmaßungen über das Vorhandensein derartiger besonderer Umstände anzustellen."

Familien- und finanzielle Verhältnisse wurden beleuchtet. Nichts deutete auf Selbstmordabsichten hin. Trunkenheit im Dienst? Kein Hinweis. Unerfahrenheit im Umgang mit der Druckluftbremse? Der Lokomotivführer war am 1. Januar 1890 von Stolp nach Danzig versetzt worden und hatte bereits in Stolp als Heizer Erfahrungen mit der neuen Bremse gesammelt. Vom 1. Januar 1890 bis Ende April führte er Rangierlokomotiven, am 1. Mai ging er in den Personenzug-Reservedienst und wurde, um die Streckenkenntnis zu erlangen, Lokomotivführern von Güter- und Personenzügen zwischen Danzig und Dirschau beigegeben.

Merkwürdig ist, daß er vor der Abfahrt des Unglückszugs in Danzig extra gefragt worden sein soll, ob er den Bahnhof Dirschau kenne und ob ihm bekannt sei, daß er mit dem Zug „auf ein todtlaufendes Geleise" fahre.

Üblich sind diese Fragen nicht. Wenn ein Lokomotivführer zum Dienst eingeteilt wird, spätestens wenn er sich zum Dienst meldet, kann er darauf hinweisen, daß ihm die Streckenkenntnis fehle. Ihm am Bahnsteig danach zu fragen, dürfte zu spät sein. Bei fehlender Streckenkenntnis müßten Lokomotive oder deren Führer ausgewechselt werden, und die Verspätung ließe sich nicht umgehen. Aber der Lokomotivführer soll auf die o. a. Frage geantwortet haben: „Ich weiß dies genau."

Ungeachtet des Eindrucks, hier sollte der Unfallbericht an das Ministerium mit der Umsicht der örtlichen Beamten aufgewertet werden, bleibt das Verhalten des zweiten Mannes auf der Maschine seltsam. Er befuhr die Strecke seit zwölf Jahren und hätte doch etwas unternehmen müssen, um den Zug anzuhalten. Der Heizer einer anderen Lokomotive, an der der Zug vorbeifuhr, will gesehen haben, daß der Heizer sich plötzlich auf den Lokomotivführer stürzte. Im Ministerium folgte man dieser Räuberpistole nicht: „Allerdings ist hierzu zu bemerken, daß diese Bewegung des G. (des Heizers – der Autor) auch eine unabsichtliche gewesen und dadurch hervorgerufen worden sein kann, daß er bei der Fahrt durch eine Kurve und der rasenden Geschwindigkeit nach dem Standort des Führers hingeworfen wurde." Die Ursache blieb ungeklärt.

Unfälle in der Sowjetunion wurden immer so gemeldet: „Zugunglück in der Sowjetunion forderte Menschenleben. Moskau, 7. Aug. 87 ADN – ein Güter- und ein Personenzug sind in der Nacht zum Freitag an der Eisenbahnstation Kamenskaja im Gebiet Rostow zusammengestoßen, meldet TASS. Das Unglück forderte Menschenleben. Das ZK der KPdSU, das Präsidium des Obersten Sowjets und der Ministerrat der UdSSR haben den Angehörigen der Opfer ihr tiefstes Mitgefühl übermittelt und den betroffenen Familien die erforderliche Unterstützung zugesichert.

Zur Untersuchung der Ursachen des Unglücks wurde eine Regierungskommission unter Leitung des stellvertretenden Ministerratsvorsitzenden Gennadi Wedernikow gebildet. Maßnahmen zur Beseitigung der Folgen des Unglücks wurden eingeleitet."

Von vielen Havarien und Katastrophen erfuhr die Öffentlichkeit überhaupt nichts, sollte doch jeder von der Überlegenheit des sozialistischen bzw. kommunistischen Systems überzeugt sein und bleiben. Die Berichterstattung in den sozialistischen Ländern, namentlich in der DDR, hielt sich an das sowjetische Vorbild, weshalb wir zu einigen Unfällen bei der DR übermäßig Zeitungsberichte finden, die die Fürsorge von Partei- und Staatsführung herausstreichen, (kaum welche zu den Ursachen, fast nichts dazu, was man sich unter menschlichem Versagen vorzustellen habe. Bei spektakulären Ereignissen Wochen und Monate nach den herausgehobenen Katastrophennachrichten allenfalls ein irreführender Text über eine Gerichtsverhandlung nach der Art: Schulze war der Schuldige, er hat so viel falsch gemacht, nun erhielt er die verdiente Strafe. Kommentare zum Nachdenken oder gar eine Diskussion über die Bedingungen, unter denen Eisenbahner tätig waren, oder über technische Mittel für die Sicherheit, die Grundvoraussetzung für öffentlichen Verkehr wären – nichts! Und viele, Journalisten wie Nicht-Journalisten, empfanden diesen Umgang mit der Öffentlichkeit normal. „Wir machen doch nicht in Sensationen!", wurde erklärt.

Nur wer systematisch interne Publikationen verfolgte, fand ab und zu einen Happen, der Aufschluß geben konnte. So brachte ADN zwar am 7. August eine weitere Nachricht und korrigiert die erste vom gleichen Tage, aber noch immer lagen keine genauen Angaben über die Zahl der Todesopfer vor. Ursache des Unglücks sei das Versagen der Bremsen an der Lokomotive gewesen.[65] Sie hätte sich an einer Weiche 500 m vor der Station von dem aus 53 Waggons bestehenden Güterzug abgekoppelt.[66]

Die Ursache dieses schweren Zugunfalls wurde tatsächlich nicht ermittelt. Mit ihr hatte sich sogar das Politbüro des Zentralkomitees der KPdSU beschäftigt und festgestellt: „... kam es zu dem Unglück aufgrund der sträflich leichtsinnigen Haltung einiger Beschäftigter der Jugo-Wostotschnaja-Eisenbahn (Süd-Ost-Eisenbahn – der Autor) gegenüber ihren Dienstpflichten. Unmittelbare Ursache war die Abfertigung des Güterzuges mit teilweise ausgeschaltetem Bremssystem ...[67] Aus der sowjetischen Eisenbahnerzeitung wissen wir

65 Die Zahl der Opfer blieb unveröffentlicht. Nur wenige der Passagiere des aus Schlafwagen bestehenden Zuges sollen überlebt haben. Westdeutsche Zeitungen hatten 70 Tote „hochgerechnet".

66 Die „Frankfurter Rundschau" schrieb am 10. August 1987, dem Lokomotivführer sei es gelungen, „die Lokomotive von den Waggons abzukoppeln"!!

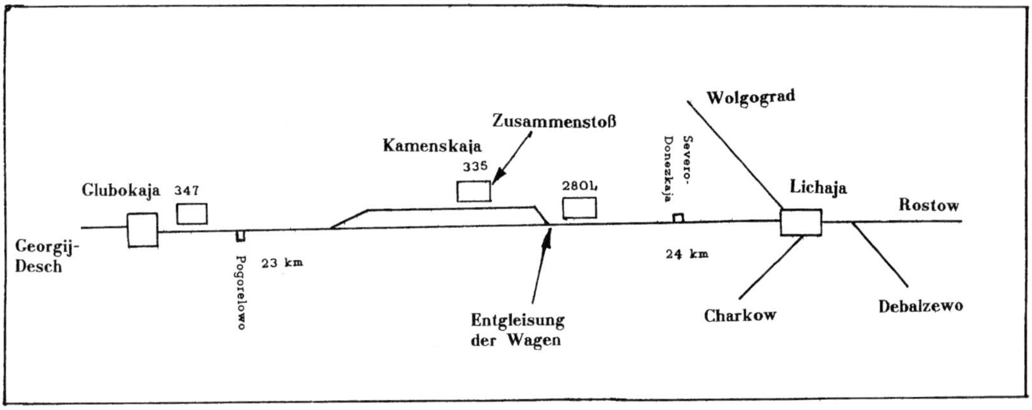

Lage der Betriebsstellen
Zeichnung: Preuß

Näheres: In Lichaja wechselten sämtliche Getreidezüge die Lokomotive, und so setzten sich die aus drei Sektionen bestehende elektrische Lokomotive „WL 80 s" – mit Lokomotivführer B. und Maschinist (d. i. der Beimann) Sch. – vor den Zug 2035. Er bestand aus 55 Wagen, Bruttomasse 5 000 t. Rangierleiter T. begann mit der Bremsprobe. Er lief nur vier Wagen ab und gab das Signal „Bremse lösen". B. kam dem nach, obwohl die vollständige Bremsprobe vorgeschrieben war. T. hätte bis zum letzten Wagen prüfen müssen, ob die Bremsklötze anlagen und sich lösten. Eisenbahner des Bahnhofs berichteten der Untersuchungskommission: „So machen wir immer die Bremsprobe. Nur eine verkürzte."

Um 0.30 Uhr war der Zug fertig, aber vor ihm wurden der Güterzug 2801 und zwei Personenzüge abgelassen. Der letzte war Zug 335 Rostow–Moskau.

Die Strecke nach Kamenskaja liegt zu Dreivierteln im Gefälle, der letzte Teil bis zu 12 ‰. Es soll hier zahlreiche Unfälle gegeben haben, weswegen die Lokomotivführer die Geschwindigkeit drosselten und jeweils 5 min Verspätung einfuhren. Der Lokomotivführer des Zuges 2801 brachte es auf 14 min. An diese Fahrzeitüberschreitungen, die die nachfolgenden Züge verspäteten, hatten sich die Eisenbahner gewöhnt.

Zug 2801 folgte Zug 347 Krasnodarsk–Moskau, der am Einfahrsignal von Kamenskaja „Halt" erhielt, dann „Gelb" (= Geschwindigkeit von Fahrt auf Halt). Nach dem planmäßigen Halt am Bahnsteig fuhr der Zug weiter. Ihm folgte Zug 335 Rostow–Moskau, der vom Zug 347 ebenfalls am Einfahrsignal aufgehalten wurde, bevor er in das Bahnsteiggleis eingelassen werden konnte. Er erhielt nicht sogleich Ausfahrt, weil sich Zug 347 noch im vorgelegenen Streckenabschnitt befand.

Unterdessen schrie B. vom Zug 2801 in den Funk: „Die Bremsen versagen! Macht das

67 V. Kurkov: Das Eisenbahnunglück von Kamenskaja – Ablauf, Untersuchungen, Ursachen und Folgen in: Gudok, Moskau, vom 12. September 1987

Gleis frei! Bringt den Personenzug weg! Wir fahren über 100!". Das hörte aber der Lokomotivführer des Zuges 355 nicht. Ihn sprach die Fahrdienstleiterin an, die inzwischen das Ausfahrsignal auf Fahrt stellen konnte: „Fahren Sie sofort weiter. Hinter ihnen kommt ein ungebremster Zug, ohne Bremsen! Sofort!"

Was über Funk gesprochen und gerufen wurde, soll chaotisch gewesen sein, auch waren die Geräte nicht im besten Zustand, zum Teil kam Unverständliches aus den Lautsprechern. Aber der Lokomotivführer des Personenzugs hatte verstanden und fuhr, nun den planmäßigen Halt ignorierend, weiter. Die Schlafwagenschaffnerin im Wagen Nummer 10 konnte sich das Weiterfahren nicht erklären. Im Wagen vor der Tür standen Reisende, die aussteigen wollten. Pflichtbewußt öffnet sie den Notbremshahn, der Zug hielt!

Was aber war mit dem Getreidezug geschehen? Als B. und Sch. in Lichaja abfuhren, bemerkten sie, daß der Zug ungewöhnlich schwer anfuhr. Sobald er über dem Brechpunkt gekommen war, leitete B. die erste Bremsstufe ein und stellte fest: Sie wirkte nur schwach. Noch war Gelegenheit, den Zug anzuhalten, doch B. fuhr weiter. Die Geschwindigkeit stieg auf 70 km/h, B. versuchte, zum zweiten Mal zu bremsen, die Wirkung blieb gleich Null. So viel er das Führerbremsventil bediente, so wenig wirkten die Bremsen, und die Geschwindigkeit stieg. Als der Geschwindigkeitsmesser 100 km/h anzeigte, rief B. seine Warnung über Funk und veranlaßte den Beimann, den Führerstand zu verlassen.

Die Fahrdienstleiterin löste die Fahrstraße auf und stellte die Spitzenweiche zum geraden Strang. Doch das Auflösen und Umstellen dauerte einige Sekunden. In diesem Moment war die Lokomotive in Richtung Bahnsteig gefahren, die Wagen fuhren in Richtung durchgehendes Hauptgleis. Sie rissen sich von der Lokomotive los. Obwohl die Spitzenweiche in der Ablenkung nur 25 km/h zuließ, entgleiste die Lokomotive wegen ihres tiefen Schwerpunkts nicht, jedoch die Wagen neigten sich zur Seite, kippten um.

Der erste Wagen wurde in den Boden gerammt, die folgenden drückten ihn 8 m tief in die Erde und schoben ihn 50 m weiter, sich selbst einen Tunnel grabend. Bis zu 10 m tiefe Krater entstanden, die Aufbauten wurden gleich Papier zusammengedrückt, bis in 15 m Höhe türmte sich der Zug auf. Und die Lokomotive raste auf den Personenzug.

B., der Lokomotivführer, nach der Katastrophe: „Als sich die Lok an der Weiche vom Zug riß, als ich vor mir das Ende des Personenzuges erblickte, da habe ich das Fenster weiter geöffnet und mich hinausgelehnt." (??) Er erinnerte sich an den Zusammenstoß, wie er durch die Gewalt des Aufpralls aus der Lokomotive geschleudert worden ist und auf einem Baum landete, wie er auf die harten Äste und auf die Erde aufschlug. Dann hätten ihn zwei Männer in weißen Kitteln aufgehoben.

B. blieb lange Zeit bewußtlos, die „weißen Kittel" kamen viel später. 40 m weit war B. gegen eine Pappel geworfen worden. Den Beimann schützte der Maschinenraum, obwohl die Lokomotive zu Schrott wurde.

Die Untersuchungen konzentrierten sich auf das vermeintliche Versagen der Bremsen. 88 Stunden, 15 min nach der Abfahrt des Unglückszugs wurde ein Vergleichszug auf die Strecke geschickt – doch was sollte er für Aufschlüsse bringen?

Gleich einem Wunder war der letzte Wagen des Unfallzugs unbeschädigt geblieben. Mit ihm und dem Vergleichszug prüften die Fachleute das Bremsverhalten. Daraus folgerten sie, B. war mit einem angebremsten Zug abgefahren. Mit 5 000 t im angebremsten Zustand kann man aber nicht abfahren! Als man die Hauptluftleitung im vorderen Zugteil unterbrach, funktionierten die Bremsen. Einige legten an, einige lösten gleich wieder aus, andere kaum. Nach 20 bis 30 min war nur die Hälfte der Wagen im gebremsten Zustand, und die „WL 80 s" war sehr wohl in der Lage, den Zug zu bewegen. Die Kommission meinte, daß zwischen dem fünften und sechsten Wagen die Hauptluftleitung unterbrochen worden sei. Der Unglückszug wurde daher nur von der Lokomotive und einem Zehntel der Wagen gebremst.

Am fünften Tag nach dem Unfall gab im Kulturhaus von Lichaja die Unfalluntersuchungskommission unter Leitung A. Bewsenkos, des Ersten Stellvertreters des Ministers, vor 800 Anwesenden ihre Erklärung ab. 27 Eisenbahner mußten zu ihren Disziplinverstößen Stellung nehmen, doch wer die Hauptleitung unterbrochen hatte, das wurde nicht geklärt.

„Gudok" schrieb: „Als ein Vertreter der Kommission berichtete, daß die wahrscheinliche Ursache für das Bremsversagen die Unterbrechung der Hauptluftleitung durch irgendjemanden nach der Bremsprobe gewesen sei, fiel diese Schlußfolgerung für die meisten Eisenbahner der Abteilung, für die Vorgesetzten und die Unterstellten, wunschgemäß aus. Es fiel ihnen direkt ein Stein vom Herzen! Das heißt also, die Missetat vollbrachte irgendein fremder, böser Mensch, der sich jetzt nicht ausfindig machen läßt, wie es auch schon in ähnlichen Fällen im gesamten Eisenbahnnetz war."

Der Fachmann fragt sich, ob die Lokomotive über eine Widerstandsbremse verfügte und, wenn ja, warum sie nicht angewandt wurde. Bei ihr, der Wechselstromlokomotive, arbeiten die Fahrmotoren als fremderregte Generatoren. Der erzeugte Strom wird in konstante Belastungswiderstände geleitet. Die Widerstandsbremse entwickelt im Bereich zwischen 30 und 100 % der Höchstgeschwindigkeit eine nahezu konstante Bremskraft und nutzt die Reibungsgrenze optimal aus. Sie arbeitet fast verschleißlos und löst beim Blockieren selbsttätig aus.

Im oberen Geschwindigkeitsbereich ist sie den Druckluftbremsen überlegen, unterhalb 30 % der Höchstgeschwindigkeit läßt die Bremskraft nach, ihre Regelbarkeit ist erschöpft. Allein mit der Widerstandsbremse hätte die Lokomotive sicherlich nicht den gesamten Zug zum Halten bringen können. Ob sich die Geschwindigkeit überhaupt nennenswert ermäßigen ließ, ist fraglich. Aber in der sowjetischen Eisenbahnerzeitung findet sich ein polemischer Beitrag, in dem der Autor dem Unionsforschungsinstitut vorwirft, die Widerstandsbremse an Wechselstromlokomotiven unterbunden zu haben.[68] Da heißt es: „Ab Ende der

68 Kurbasov: Eine weitere Lehre aus der Tragödie von Kamenskaja oder wodurch wird die elektrische Widerstandsbremse behindert, in: Gudok, Moskau, vom 27. Juli 1988

69 „Eisenbahn", Wien 1971, Heft 4, Seite 54

70 Das ist jene Lokomotive, die 1954 auf dem Bahnhof Dalaas von einer Lawine in die Tiefe gerissen wurde. Beschrieben in Preuß: Eisenbahnunfälle in Europa, Berlin 1991, Seite 25

siebziger Jahre jedoch setzte ein allmählicher, jedoch allgemeiner Verzicht auf Einsatz der elektrischen Widerstandsbremse ein. Das geschah aus folgender Ursache: Die Mitarbeiter des Unionsforschungsinstituts für Verkehrswesen stellten sich das Ziel, auch für den elektrischen Zugbetrieb mit Wechselstrom eine Widerstandsbremsanlage zu entwickeln. Darauf wurde viel Mühe verwandt. Rund dreißig Jahre befaßten sich die Wissenschaftler mit diesem Problem. Die Hälfte dieser Zeit diente der Entwicklung der Elektrolok WL 80r (sie wurde später aus der Produktion gezogen). Bis jetzt ist auch nicht die Elektrolok WL 85 in Betrieb, die zwölfachsige Variante der Elektrolok WL 80r. Insgesamt haben heute lediglich 5 Prozent des Bestandes an Elektroloks mit Wechselstrom die Widerstandsbremse."

Nach weiteren Ausführungen werden die riesige Redundanz und Inkompetenz sowjetischer Wissenschaft und Technologie einschließlich ihrer Institute deutlich – in der DDR gab es analoge Beispiele dafür. Schließlich war man überzeugt, die Widerstandsbremse verbrauche zu viel Strom! Offenbar unterließ man es, sich nach dem technischen Stand der Lokomotiven anderer Bahnverwaltungen zu erkundigen. Die Ursache, wer im Falle Kamenskaja die Hauptluftleitung unterbrach, war dadurch natürlich nicht aufgeklärt.

Bei der Katastrophe von Kamenskaja war man sich sicher, daß der Zug nur ungenügend bremsen konnte, weil die Verbindung der Hauptluftleitung hinter dem fünften Wagen unterbrochen war. Die Eisenbahngeschichte kennt eine Reihe von Unfällen infolge der gleichen Ursache, bei denen nie endgültig ermittelt wurde, wer ein Absperrventil der Hauptluftleitung schloß. Mitunter blieb ein Hauch von Verdacht, der Lokomotivführer habe „nachgeholfen", wenn er von seiner Unaufmerksamkeit ablenken konnte, derzufolge er am haltzeigenden Signal vorbeifuhr.

Hinzu kommen aber jene Ereignisse, bei denen die Hauptluftleitung nicht unterbrochen war und der Zug doch nicht bremste, zumindest blieb man der Öffentlichkeit die wahre Ursache des Unfalls schuldig. Budapest (siehe 9. Abschnitt) ist solch ein Fall, hinzu kommen die Katastrophen vom Arlberg und von Paris Gare de Lyon.

„Höllenfahrt vom Arlberg" sind zwei illustrierte Seiten betitelt, auf denen das „Durchgehen" des Güterzuges 39 am 21. Februar 1971 zwischen Wald am Arlberg und Dalaas (ÖBB-Strecke Innsbruck–Bregenz) beschrieben wird.[69] Der Lokomotivführer auf der 1020.42[70] vermochte nicht, den aus zehn vierachsigen PKP-Kesselwagen, einem PKP-Kühlwagen und einem ÖBB-Dienstwagen bestehenden Zug (44 Achsen, 731 t) abzubremsen. Bei 50 km/h sprangen Lokomotivführer und Zugführer im Bahnhof Dalaas ab, während der Zug führerlos weiterfuhr. Die Geschwindigkeit steigerte sich auf 80 km/h, in km 125,79, Westseite des Bahnhofs Hintergasse, entgleiste der erste Kesselwagen, im folgenden Gleisbogen kippten die anderen Wagen um und stürzten in die Tiefe. Dabei riß sich die Lokomotive vom Zuge los und fuhr mit einer Geschwindigkeit von etwa 110 km/h in Richtung Bludenz. Dort hatte man ihr freie Fahrt gegeben, sie kam zwischen Bludenz und Ludesch zum Halten. Die Ursache wurde nicht eindeutig ermittelt.

Bei der Bremsprobe in Innsbruck West mußten sechs Bremsen ausgeschaltet werden, da die Bremssohlen abgenutzt waren. Da es am Bremsgewicht mangelte (statt 47 Bremshundertstel nur 30), erhielt der Lokomotivführer Befehl, die Geschwindigkeit zu ermäßigen. In Landeck wurden an der Zugspitze elf Wagen ab- und am Zugschluß ein Dienstwagen zugesetzt. Einschließlich Bremsgewicht der Lokomotiven waren jetzt 37 Bremshundertstel vorhanden, 4 mehr als gefordert.

In St. Anton am Arlberg wurde die Vorspannlokomotive abgesetzt und wieder eine Bremsprobe ausgeführt. Mitten im Arlbergtunnel stellte Lokomotivführer G. fest, daß die Bremsen wirkten. Der Zug blieb bei der Geschwindigkeit von 30 km/h, hielt sogar vor dem Einfahrsignal von Wald. Nach Fahrtstellung des Signals beschleunigte G. den Zug auf 30 km/h, von km 119,2 an blieben Voll- und Schnellbremsung wirkungslos.

Die Bundesbahndirektion Innsbruch vermutete in ihrem Unfallbericht vom 9. März 1971, gestützt durch die Mängel, die man an den Bremsanlagen der geborgenen Wagen fand, daß die Bremsen (Bauart Oerlikon O-GP-SAB) wegen technischer Defekte ausgefallen waren. Aber es blieb eine Vermutung.

59 Tote und 32 Verletzte waren die Folgen des Zugunglücks auf dem Bahnhof Paris Gare de Lyon, als am 27. Juni 1988 der Zug 153 944 von Melun mit dem zur Abfahrt nach Melun bereitstehenden Zug 153 951 zusammenstieß.

Gegen 19 Uhr des Schreckenstages gab es auf dem Vorort-Untergrundbahnhof Paris de Lyon folgende Situation: Zug 153 346 von Ferté-Alais fuhr auf Gleis 4 mit knapp 30 min Verspätung ein, weil er in Vert-de-Maisons vom (späteren Unglücks-) Zug 153 944 aufgehalten worden war. Zug 153 951 nach Melun (überfüllt, da der vor ihm eingelegte Zug 153 747 wegen eines fehlenden Triebwagenführers ausgefallen war) auf Gleis 2 wartete auf die Ausfahrt. Zug 153 346 kam über Gleis 2M, und Zug 153 951 sollte über Gleis 1M ausfahren. Während Zug 153 346 den Bahnsteig erreicht hatte, näherte sich Zug 153 944 über Gleis 2S, er sollte nach Gleis 1 fahren, mußte aber die Ausfahrt des

Skizze zum Bahnhof Paris Gare de Lyon
Zeichnung aus „La vie du rail"

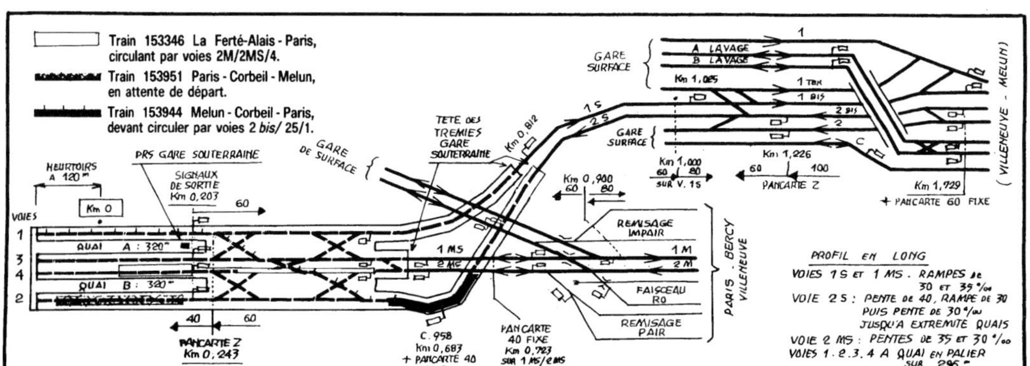

Unfallstelle in Paris Gare de Lyon. ADN schrieb zu diesem Bild, ein Zug sei mit überhöhter Geschwindigkeit gegen einen Prellbock gerast, was nicht zutraf. Foto: AFP

Zuges 153 951 abwarten. Das Einfahrsignal 958 zeigte „Halt". Aber dort hielt der Zug nicht an, vielmehr stieß mit dem Zug 153 951 zusammen.

Während der Einfahrt des Zuges 153 346 standen die Flankenschutzweichen so, daß andere Züge ihn nicht gefährden. Da das Halt des Einfahrsignals ihn nicht aufhielt, wurde Zug 153944 nach Gleis 2 gelenkt und traf bei einer Geschwindigkeit von etwa 70 km/h am Bahnsteigkopf den anderen Triebwagen. Ihn drückte er 40 m zurück und blieb mitten in ihm stecken. Daß die Zahl der Toten und Verletzten nicht noch größer wurde, ist dem verzweifelten Bemühen des Triebwagenführers zu danken, der, als er das Versagen der Bremsen bemerkte, über Lautsprecher die Reisenden aufforderte, nach hinten zu gehen. Warum die Druckluftbremsen versagten, blieb rätselhaft. Einen Zusammenhang mit dem außerplanmäßigen Halt in Vert-de-Maisons mußte es geben, wo der Zug 26 min geblieben war. Jemand hatte im zweiten Triebwagen (der Zug bestand aus zwei Triebwagenzügen vom Typ Z 5300) die Notbremse gezogen. Um weiterfahren zu können, mußte der Triebwagenführer das Notbremsventil schließen. Die 26 min, die er dafür brauchte, (einschließlich Weg hin und zurück dürfte der Vorgang nur 5 bis 10 min gedauert haben), gaben zu Spekulationen Anlaß, ob der Triebwagenführer auf irgendwelche Schwierigkeiten gestoßen sei.

Die Höchstgeschwindigkeit des Zuges betrug 120 km/h. Am km 4,051 (also 4 km vor dem Endpunkt des Zuges) mußte die Geschwindigkeit auf 105 km/h ermäßigt werden, am km 2,170 auf 90 km/h, am km 1,913 auf 60 km/h. Spätestens hier mußte er die Betriebsbremsung anhaltend bedienen, und spätestens hier mußte er bemerken, daß mit der Bremse etwas nicht stimmte. Knapp 200 m weiter kündigte ihm ein gelbes Blinklicht (Vorsignal) an, das Signal 958 zeige „Halt". An dieser Stelle registrierten die Eisenbahner auf dem Stellwerk in Paris-Lyon und der Zugführer auf Gleis 2 die Rufe „Meine Bremsen haben versagt, räumt den Bahnhof!" Doch für weitere Maßnahmen war es zu spät. Der Triebwagenführer des wartenden Zuges 153 951 hatte ebenfalls seine Reisenden gewarnt, ehe er selbst beim Unglück ums Leben kam.

Von der Leitung der SNCF erfuhren die Journalisten: „Es scheint, daß ein wesentlicher Teil der Bremsausrüstung des Zuges außer Betrieb gesetzt worden war, und wir können uns bis jetzt diesen Umstand nicht erklären."[71]

Erst im Dezember 1992 wurde in Paris das Urteil gesprochen: Daniel S., der Triebwagenführer des Unglückszuges, vier Jahre Haft, weil er den Zug nicht gebremst habe, der Triebwagenführer des Zuges 153 747 zu zwei Jahren Haft (beide Strafen auf Bewährung), weil er den Dienst zu spät angetreten hatte. Die Kausalität der Schuld scheint zweifelhaft, jedenfalls riefen sämtliche Gewerkschaften nach Bekanntwerden des Urteils zu einem Proteststreik auf.

71 „La vie du rail", Paris 1988, Nummer 2152, 7, Seiten 4ff.

8

Gleisverwerfungen – ein Mysterium?

Am 14. September 1990 entgleiste in km 2,3 zwischen Lößnitzgrund und Weißes Roß (Strecke Radebeul Ost–Radeburg) der Nahgüterzug 66 903. Bei dem hochliegenden Schwerpunkt der auf Rollfahrzeugen gesetzten Normalspurwagen genügt eine Spurerweiterung oder ungleiche Beladung, um den Wagen zum Kippen zu bringen. Spurerweiterungen können durch Messen festgestellt, die Symptome von Gleisverwerfungen erkannt werden.
Foto: Hahn

Das sind sie nicht. Es war 15.40 Uhr am glühend heißen Tag des 5. August 1990 – D 1925 Bad Doberan–Dresden hatte sein Ziel fast erreicht, da entgleiste er bei Böhla, einem kleinen Bahnhof an der Strecke Berlin–Dresden. Die „Sächsische Zeitung", Dresden, schrieb für den nächsten Tag ihrer Ausgabe: „Vier Waggons lagen einige Meter unterhalb des Bahndamms, Schienen waren verbogen und aus den Halterungen gerissen, insgesamt 400 Meter Gleisbett waren beschädigt. Auch Teile der Oberleitung hingen lose herab und Fahrleitungsmasten waren angebrochen. (...) Inzwischen untersuchten Spezialisten von Eisenbahn und Transportpolizei die Unfallursache. Vermutet wird, daß die extreme Hitze der letzten Tage zu Gleisverwerfungen führte und der D-Zug deshalb entgleiste."

Im Zeichen der neuen Pressefreiheit bemühten sich die ost- und mitteldeutschen Zeitungen, Hintergründe solcher Ereignisse zu erhellen und den Lesern ganz anders als früher nicht die puren und in allen Zeitungen gleichlautenden Mitteilungen der amtlichen Nachrichtenagentur von den Folgen und dem Rettungswerk anzubieten, ohne sich um die Ursache zu kümmern. Sie, um ihr eigenes Profil bemüht, fragten nach.

Eine von ihnen erfuhr vom Pressesprecher der Deutschen Reichsbahn auf die Frage, ob es ein vermeidbares Unglück gewesen sei: „Nein, Schienenverwerfungen sind bei extremer Hitze nirgendwo auszuschließen. Das Unglück kann man nicht auf ungenügende Schienenwartung schieben."[72] Und zur Überwachung von Strecken bei großer Hitze: „Die Strecken werden jetzt in kürzeren Abständen kontrolliert. Aber ich weiß nicht, wie Sie sich das vorstellen, ich kann doch nicht an jedem Meter einen Menschen hinstellen. **Menschliches Versagen ist in jedem Fall ausgeschlossen**. Die Schienen waren auch nicht verschlissen." Ein Fachmann, von der gleichen Zeitung zum gleichen Unfall gefragt, bekannte immerhin: „Die Gleisanlagen sind so ausgerichtet, daß sie große Spannungen aufnehmen können. Abnutzungserscheinungen und Qualitätsmängel führen zum Verwurf."

Hier ist nicht zu prüfen, ob wider besseres Wissen gesprochen und geschrieben wurde, aber die Erklärungen entbehrten der fachlichen Grundlage, denn:

Erstens ist es inzwischen eine gesicherte Erfahrung, daß die Gleisverwerfung nicht aus heiterem Himmel kommt. Die Meinung, menschliches Versagen sei **in jedem Fall ausgeschlossen**, ist unhaltbar. Wäre das so, wären die Sicherheitsbemühungen der Bahnverwaltungen um den sicheren Fahrweg nichts oder wenig wert. Immer war es menschliches Versagen, wenn es zur Gleisverwerfung kam.

Zweitens ist in der „Schwarzen Chronik" der DR eine ganze Anzahl Gleisverwerfungen enthalten, und nie war an ihnen das sonnige Wetter allein schuld. Wenn Untersuchungen zur Schuld im Sande verliefen, dann, weil die Untersuchungen nicht tiefgründig oder im konkreten Fall die Pflichtenlage verworren war.

72 „Hitze warf Zug aus der Spur" in: BZ am Abend vom 6. August 1990

73 So bei Ritzau: Von Siegelsdorf nach Aitrang, Landsberg-Pürgen 1972, Seiten 28ff., und Kriterien der Schiene, Landsberg-Pürgen 1978, Seiten 22ff.

74 Geheimes Preußisches Staatsarchiv Merseburg 93 Abt. E 1418, Blatt 147

Drittens. Bei höheren Temperaturen mußten „in gefährdeten Abschnitten" sowie während und nach Bauarbeiten im Gleis besondere Vorkehrungen getroffen werden. Die spezielle Weisung der Hauptverwaltung Bahnanlagen der DR machte deutlich, wo die Schwachstellen im Gleis zu suchen waren: in Einschnitten an heißen Tagen, während und nach Bauarbeiten, aber nicht allein in den Wettererscheinungen.

Die Deutsche Bundesbahn fährt ihre Züge auch an heißen Tagen mit Geschwindigkeiten bis zu 200 km/h und mehr, weil sie einen vorzüglichen Oberbau besitzt und die Erkenntnisse aus den schweren Unfällen infolge Gleisverwerfungen berücksichtigte. Über sie wurde in der Literatur wiederholt geschrieben.[73]

Daß den Baufachleuten nicht von Anfang an der Zusammenhang von Gleislage, Temperatureinflüssen und dynamischen Kräften geläufig war, ist verständlich. Die Forschung bediente sich der Empirie, der wissenschaftlichen Erfahrung. Unfalluntersuchung und -forschung bedingen immer, daß man sich über das Wechselverhältnis von Ursache und Wirkung im klaren ist. Entgleiste Fahrzeuge, ein verdrücktes Gleis – das ist das, was der an die Unfallstelle geeilte Fachmann sieht. Er fragt sich: „Brachte das verdrückte Gleis die Fahrzeuge zum Entgleisen, oder verdrückten die Fahrzeuge das Gleis?"

Nach der Engleisung am 17. Juni 1913 bei Wusterwitz (Strecke Berlin–Magdeburg) blieb die Ursache ein Rätsel. Kurz nach 13 Uhr entgleisten der letzte und der vorletzte Wagen (CCü Mg 03485, CCü Mg 02608) des D 30. Ein Wagenaufseher wurde getötet, ein Eisenbahner und sechs Reisende verletzt. Der ABBü-Wagen Mg 03941 und der Speisewagen Mg 0969 wurden an Puffern und Trittbrettern beschädigt.

Der Oberbau bestand aus Schienen der Form 8^b auf Holzschwellen in Kiesbettung mit Stemmlaschen als Mittel gegen das Wandern des Gleises.

Gleich zu Beginn der Unfalluntersuchung nahm jemand vom Betriebsamt Brandenburg (Havel) die Spuren auf und stellte am Stoß 8 (siehe Bild Seite 108) Schlagspuren an Schienenkopf und -fuß fest. Danach folgten Bremsspuren auf den Schienen „... so muß bereits an dieser Stelle also ab 40 m vor der ersten Entgleisungsmarke etwas Außergewöhnliches eingetreten sein. Wahrscheinlich ist hier ein Drehgestell des Speisewagens sprunghaft auf den Schienenkopf aufgesetzt und bis hinter Stoß 11 auf der Schiene entlang gelaufen, um 2,75 m dahinter wieder in das Gleis einzulaufen", stellte ein Regierungsbaumeister fest.[74] Er vermutete, daß zuerst der Speisewagen entgleiste, obwohl er an der Unfallstelle sich nicht entgleist zeigte. Er soll bei der Zuggeschwindigkeit von 80 km/h die folgenden beiden Wagen aus dem Gleis herausgerissen haben. Die Spuren an den Schienen ließen das erkennen. „Da die Befestigungsmittel des Gleises hierbei standhielten, wurde das Gleis im Ganzen von dem die Böschung heruntergeschleuderten Schlußwagen in die dargestellte Lage gerissen. Die eingetretene veränderte Gleislage dürfte hiernach vermutlich als eine Folge des Unfalls anzusehen sein. Gegen eine Gleisverwerfung spricht auch der Umstand, daß das Gleis erst vor etwa 3 Wochen durchgearbeitet war und im unbeschädigten Teile gute Richtung und Spurhaltung aufwies."

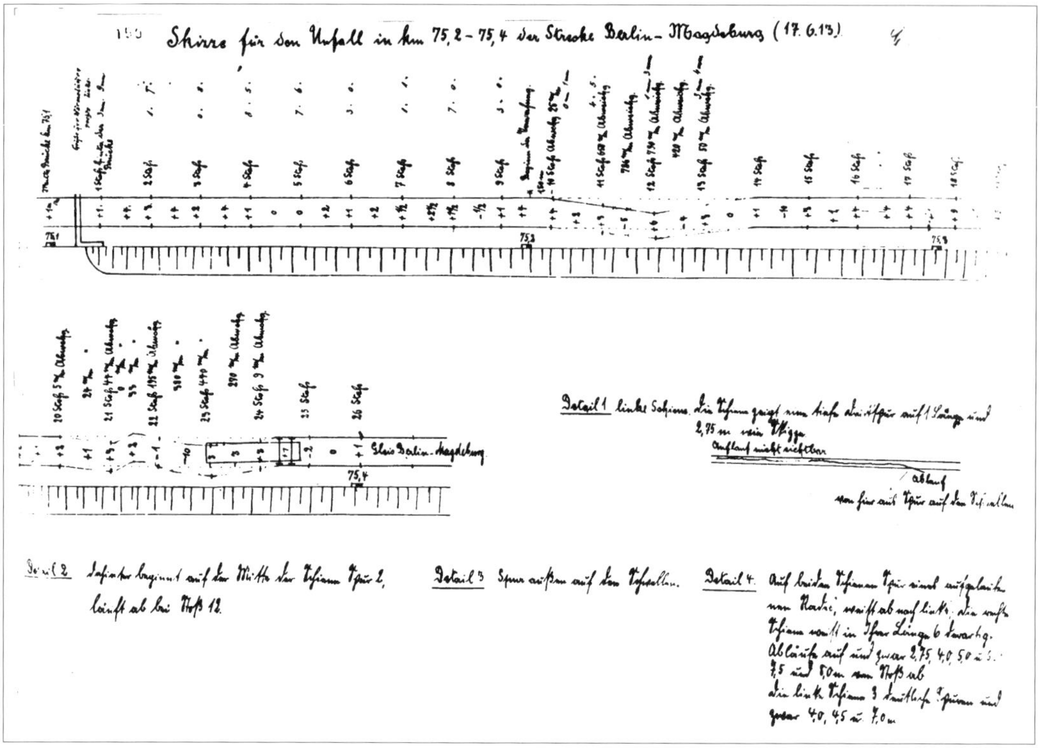

Skizze von der Unfallstelle nahe Wusterwitz. An jedem Stoß wurde die Spurerweiterung (Maße innerhalb des Gleises) und die Abweichung von der Gleisachse gemessen (seitlich angeschriebene Maße).
Quelle: Staatsarchiv Merseburg 93 E Nummer 1418

Skizze zu dem Raddrücken des Speisewagens. Ungleiche Raddrücke können ebenfalls zur Entgleisung führen.
Quelle: Staatsarchiv Merseburg 93 E Nummer 1418

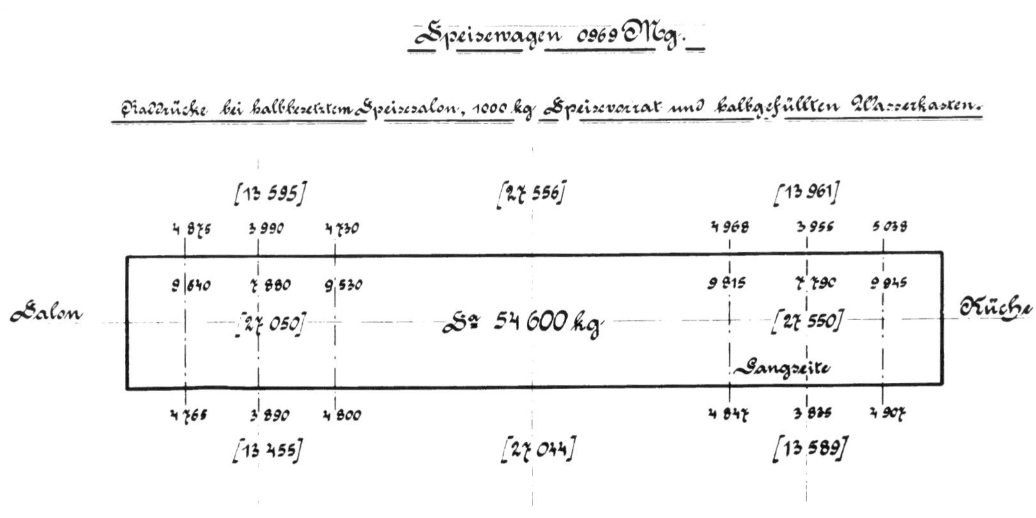

Was zeigte sich am Speisewagen? Der Küchenchef – „zur Sache vernommen" – sagte aus: „Kurz vor der Station Groß Wusterwitz merkte ich, daß unser Speisewagen immer auf- und absprang. Sämtliche zubereiteten Speisen fielen von der Kochmaschine herab. Da ich bereits einen Eisenbahnunfall bei Großbeeren vor einigen Monaten mitgemacht hatte, merkte ich sofort, daß etwas mit dem Wagen nicht in Ordnung sein könnte. Darauf drehte ich sofort den Gashaupthahn zu. Gleich darauf zog ich die Notbremse. Erst nachdem ich die Notbremse gezogen hatte, sprang der Wagen wieder ins Gleis. Gleich nachdem ich die Bremse gezogen hatte, riß der nachfolgende Wagen ab, worauf der vordere Zugteil noch etwa 150 m weiter lief."

Gegen eine Gleisverwerfung sprach nach Ansicht der Fachleute am Unfallort, daß zwar die Stoßlücken (die die Schienenausdehnung bei Temperaturschwankungen ausgleichen sollten) teilweise verlorengegangen waren, sich aber im Abstand von 30 bis 40 m immer Stoßlücken „von genügender Größe" befanden. Auch lag rechts und links vom Gleis fortlaufend zum Einbau bestimmter Steinschlag, der auf die Schwellenköpfe drückte und einer Verwerfung erheblichen Widerstand entgegensetzte. Abgesehen von den sicherlich falsch beurteilten Kräften, die von verworfenen Stahlschienen freigesetzt, und den überschätzten Wirkungen des auf den Schwellen liegenden Schotters (nicht von unterstopften Schwellen!), sah man nur noch Gelegenheit, die Entgleisungsursache am Speisewagen zu suchen.

Die Fahrzeuge standen inzwischen in der Hauptwerkstätte Potsdam. Doch dort fand man nichts, was auf Normabweichungen schließen ließ. Deshalb wurde der Unfall von der Königlichen Eisenbahndirektion Magdeburg als „nicht ermittelt" abgeschlossen.[75]

Stutzig macht jedoch die Feststellung: „Bei der etwa 5 Wochen vor dem Unfall stattgehabten Durcharbeitung des Gleises sollte ein Anziehen der Laschenschrauben nicht durchgehend, sondern nur an den mit neuen Laschen versehenen Stößen stattgefunden haben. Hierbei soll auch festgestellt sein, daß Spannungen im Gleise nicht vorhanden waren. Die nach dem Unfall vorgenommene Nachprüfung des Gleises hat ergeben, daß einzelne Laschenschrauben etwas fest angezogen waren, daß die Beweglichkeit der Schienenenden durch diesen Umstand beeinflußt war, scheint zwangsläufig ausgeschlossen jedoch nicht mit Sicherheit anzunehmen sein."

Einem Königlichen Eisenbahn-Betriebsingenieur im Ruhestand mit praktischen Erfahrungen bei den Direktionen Köln und Essen ließ der offene Ausgang der Unfalluntersuchung, von dem er in der Zeitung gelesen hatte, keine Ruhe, und er übermittelte dem Minister seine Meinung zu den Untersuchungsergebnissen:
- Bewegung des Gleises findet immer statt, ob mit oder ohne Wanderschutz.
- Fehlende Schienenlücken werden bei hohen Temperaturen dann gefährlich, wenn die Schienenlängen fest aneinander gerückt sind und plötzlich eine starke Temperaturerhöhung eintritt, weil die Gefahr besteht, daß die in der Ausdehnung befindlichen Schienen

75 a. a. O., Blatt 169

ausknicken. „Diesem Ausknicken wirkt die Reibung der Schwellen in der Bettung entgegen, aber nur so lange sie ruhig liegen bleiben."

Er ging auf die fahrdynamischen Kräfte durch den Zug ein. Betrachtungen, die bei der Unfalluntersuchung ganz unterblieben. „Fährt ein Zug über eine solche Stelle, so werden die nicht belasteten Schwellen geschoben, jene Reibung ist vermindert und die stark gespannten Schienen haben Gelegenheit unter den Erschütterungen des Zuges sich ruckweise seitlich zu verschieben. (...) Die Zeitungsnotiz sagte ferner, daß die Schienen jetzt in einer eigenartigen Wellenlinie verlaufen. (...) Unter den Erschütterungen durch die Lokomotive und die ersten Wagen des Zuges bog (...) der eine Gleisteil ruckweise nach der einen Seite aus und, durch einen festen Nullpunkt gehalten, der folgende Teil nach der anderen Seite, so daß die erwähnte Wellenlinie entstand. Der Speisewagen, der bei der großen Fahrgeschwindigkeit diesen plötzlichen kleinen Krümmungen nicht folgen konnte, setzte aus, wurde aber infolge des straffen Zuges der ihm angehängten Wagen wieder in's Gleis zurückgehoben, während diese letzteren, durch dieselbe Ursache entgleist und jene Kraft entbehrend, nicht wieder in's Gleis zurückkamen."

Der Betriebsingenieur empfahl, „durch vorsichtiges und diplomatisches Fragen bei den Rottenarbeitern, die das Gleis wieder in Ordnung brachten, zu erforschen (auf keinen Fall beim Bahnmeister)", ob mehrere Schienenenden ohne Temperaturlücken zusammenstießen. Und sicherlich richtig stellte er fest: Nicht der Speisewagen verursachte die Wellenlinien des Gleises, sondern die Wellenlinie ließ die Wagen entgleisen.

Stellte man sich über Jahrzehnte hinweg vor, die Schienen brauchten Lücken, um sich bei Temperaturschwankungen ausdehnen und zusammenziehen zu können, andernfalls käme es zu Schäden am Gleis, so mußte diese Auffassung spätestens Ende der fünfziger Jahre aufgegeben werden, als die Bahnverwaltungen dazu übergingen, immer längere Schienen (bis zu 60 m) zu verlegen und schließlich das lückenlose Gleis einführten, um den Instandhaltungsaufwand besonders an den Stoßlücken zu senken und für die Züge Voraussetzungen zu größerer Laufruhe zu schaffen. Bis dahin hatten Wissenschaftler und Praktiker erkannt, wie wichtig die feste Verspannung des Gleisrostes im Schotter ist. (Zum Gleisrost gehören die Schienen und die Schwellen.) Im Bogen entspannt sich das Gleis bei Temperaturanstieg nach außen, sofern es reibungsfrei (also ohne die Bettung) auf dem Unterbau liegt. Die Wirkung wäre ein unruhiger Lauf der Fahrzeuge, Gefahr bestünde nicht.

Anders in der Geraden: Das Gleis kann sich nicht in gleicher Weise entspannen, die Druckspannungen würden bei zunehmenden Temperaturen immer größer und führten dazu, daß das Gleis ausknickt und sich schlangenförmig verformt. Das reibungsfrei verlegte Gleis kann sich ja nur seitwärts verformen, da die Schienen in dieser Richtung das kleinste Widerstandsmoment haben.[76] Das lückenlose Gleis liegt jedoch in der Bettung,

76 Schoen: Der Eisenbahnoberbau. Bd. 1, Berlin 1969, Seite 263

77 Siehe auch Kaess/Mattner: Gleisverwerfungsversuche zur Verifizierung einer erweiterten Lagestabilitätstheorie in: Eisenbahntechnische Rundschau, Darmstadt 1989, Heft 3, Seite 151 f.

und die Druckspannungen führen nicht sogleich zur Verformung der Schienen. Vor allem der seitliche Widerstand der Schwellen im Schotter beeinflußt die Gleisstabilität. Der Querverschiebewiderstand fällt bis auf die Hälfte, wenn der Schotter aufgelockert wurde. Deshalb darf die höchste Geschwindigkeit erst dann zugelassen werden, wenn etwa 200 000 bis 400 000 t über das Gleis gefahren wurden. Nach der Durcharbeitung von Holzschwellengleisen muß die Streckengeschwindigkeit bei zu erwartenden hohen Schienentemperaturen für eine bestimmte Zeit beschränkt werden, bis das Gleis die volle Stabilität erhielt. Betonschwellen dagegen weisen einen größeren Querverschiebewiderstand auf. Immer strebt das Gleis danach, sich zu entspannen – und Richtungsfehler erhöhen die Gefahr. Man kann sich das vorstellen: Schlecht instandgehaltener Oberbau, verfestigter Schotter oder der Verzicht auf die Verdichtung der Bettung nach der Schienen- bzw. Gleisverlegung – das ist genauso gut, als liege das Gleis frei, ohne kräftehemmende Bettung.[77]

Das Gleis sucht nach Gelegenheit, aus seiner „Zwangslage" zu kommen. Neben den zuvor aufgeführten Mängeln kann das möglich sein durch die Erschütterungen des fahrenden Zuges oder durch einen Schlag auf die Schiene. Das Gleis wird explosionsartig aus seinem Bett geworfen und verformt sich in kurzen, scharf gekrümmten Wellen seitwärts. Diese Verwerfung beginnt meist hinter der Lokomotive, weswegen die den Unfall Untersuchenden ihre Mühe haben, Ursache und Wirkung zu unterscheiden.

Unbekannte Unfallstelle bei der DR. Brachte das verworfene Gleis den Zug zum Entgleisen, oder verdrückte der entgleiste Zug das Gleis?
Foto: Sammlung Preuß

Damit es nicht zu solchen gefährlichen Folgen kommt, sind – besonders für den Einbau des lückenlosen Gleises – strenge Vorschriften zu beachten. Die wesentlichen sind:

1. neutrale Schienentemperatur (etwa 20 °C),
2. Grenzen der Temperaturen, innerhalb denen das Gleis verspannt werden darf: 12 bis 25 °C,
3. Verbot, die Schienen bei Schienentemperaturen von mehr als 25 °C zu verspannen,
4. Anwärmen der Schienen bei Schienentemperaturen unter 12 °C, bevor sie verlegt werden.

Hinzu kommen Vorschriften für das Messen der Schienentemperaturen, den Einbau von Pufferjochen, die Wanderschutzmittel, für die Verarbeitung, das Schweißen.

Dieser Aufwand wird durch die bereits erwähnten Vorteile wettgemacht, die das lückenlose Gleis bietet. Was an Zeit und Pedanterie in den Einbau gelegt wird, zahlt sich während des Liegens des Gleises aus.

Zwischen Florenz und Foligno verwarf sich im Juli 1988 das Gleis, ein Zug entgleiste: 10 Verletzte.
Foto: AP

Unfallstelle zwischen Briesen und Pilgram
Foto: Transportpolizei Frankfurt (Oder)

Allerdings gibt es Geister, die glauben, sich aus Bequemlichkeit über die Vorschriften hinwegsetzen und physikalische Gesetze leugnen zu können.

In der Nacht vom 1. zum 2. Juni 1981 wurde der Abschnitt Briesen–Pilgram (Strecke Berlin–Frankfurt/Oder) planmäßig durchgearbeitet und dabei das Gleis um 20 mm angehoben. Ein Schwellenfachverdichter sollte die Stabilität des Gleises herstellen.

Um ihn einzusetzen, hätte es eines Sicherungspostens bedurft, doch der schien nicht zur Stelle zu sein. Ersatzweise hätte der Streckenwärter eingesetzt werden können, der als Sicherungsposten geprüft war. Doch dazu hätte ihn der Streckenmeister beauftragen müssen. Der unterließ das und zog sich während der Nachtarbeiten nach Hause zurück, um sich, wie er später angab, für die beabsichtigten Kontrollen am Tage frisch zu halten.

Der Schwellenfachverdichter blieb ungenutzt, das Gleis wurde nicht mit Schotter verfüllt und nicht gestopft. Der Querverschiebewiderstand der Schwellen in der Bettung betrug nach Schätzung des Sachverständigen vor Gericht allenfalls die Hälfte des Notwendigen. Dem Meister mit 16jähriger Berufserfahrung war bewußt, daß gegen die Oberbauvorschriften verstoßen wurde und daß gerade wegen des heißen Tages Gefahr für die Züge bestand.[78] Sie hätten mit höchstens 50 km/h die Baustelle befahren dürfen.

78 Teil 4.6. der Oberbauvorschriften der Deutschen Reichsbahn (Obv. Ausgabe 1977)

Diese Langsamfahrstelle richtete niemand ein. Offenbar fühlte sich keiner der „unteren Chargen" dafür zuständig. Den vorgesetzten Stellen wäre aufgefallen, daß die Instandsetzung des Gleises nicht ordnungsgemäß erledigt wurde. Wenn die „Übersicht der vorübergehend eingerichteten Langsamfahrstellen und sonstigen Besonderheiten" (von den Eisenbahnern kurz „La" genannt) eine solche Langsamfahrstelle nicht enthielt, mußten sämtliche Züge, die dieses Gleis befahren sollten, mit Vorsichtsbefehl zum Vermindern der Geschwindigkeit aufgefordert werden. Diese Befehle waren auf dem letzten Haltbahnhof an das Zugpersonal gegen Unterschrift auszuhändigen und deren Aushändigung dem am Abschnitt ersten – je nach Fahrtrichtung – Fahrdienstleiter zu bestätigen. Anderenfalls mußte der Zug in Briesen oder in Pilgram angehalten und dort mit dem Vorsichtsbefehl versehen werden. Diesen Umständen wollte man aus dem Weg gehen.

Um 5.30 Uhr erschien der Streckenmeister auf der Baustelle. Die Arbeiten waren beendet, der Streckenwärter hatte die Gleissperrung ohne Einschränkung aufheben lassen, wozu er gar nicht berechtigt war, aber der Streckenmeister billigte das.
Im Laufe des Tages erwärmten sich die Schienen bis auf 45 °C. Der Streckenmeister kontrollierte die „verdächtigen" Stellen, maß an den Meßpunkten die Temperatur. Abweichungen von der Gleisrichtung erkannte er hier nicht, wohl aber im Nachbargleis. Dort veranlaßte er, die Höchstgeschwindigkeit auf 10 km/h herabzusetzen! Im durchgearbeiteten Gleis fuhren die Züge mit voller Geschwindigkeit weiter. Gegen 14.12 Uhr näherte sich ein Personenzug mit 74 km/h Geschwindigkeit. Der Lokomotivführer bemerkte eine Ausbuchtung der Schienen und bremste sofort. Als er die Bremsen löste, blickte er nach hinten, sah ein Staubwolke und leitete die Schnellbremsung ein. Drei Wagen waren entgleist, sechs Reisende leicht verletzt worden. Der Sachschaden belief sich auf 30 000 Mark.

Vor Gericht galt als erwiesen, daß sich das Gleis durch das Bremsen verwarf. In diesem instabilen Abschnitt keine Vorsichtsmaßnahmen getroffen zu haben, brachten dem Streckenmeister zwei Jahre und sechs Monate Freiheitsstrafe bei Bewährung in zwei Jahren ein. Außerdem hatte er einen Monatslohn als Schadenersatz zu zahlen.

Im Dezember 1983 erhielt der Abschnitt Krensitz–Bitterfeld (Strecke Leipzig–Berlin) ein neues Gleis. Vor dem zweiten Stopfgang mußten die 60 m langen Schienen verschweißt werden. Zu dieser Zeit lag die Temperatur um 0 °C, wodurch die vorgeschriebene Verspannungstemperatur um mindestens 12 °K unterschritten war. Deshalb mußten die Enden der Schienen entweder künstlich erwärmt oder mit Hilfe von Klemmvorrichtungen gestreckt werden, um die Spannungen auszugleichen. Unmittelbar nachdem die Schienen verlegt wurden, sind an jedem Schienenstoß zwei Körnerschläge, von der Schienenkopfaußenseite gemessen, im Abstand von 500 mm anzubringen, damit die Längen exakt gesichert werden können. Wird das Gleis hergestellt, kann der Fachmann aus dem Abstand der Körnerschläge und der Verlegetemperatur errechnen oder aus Tabellen ablesen, in welchem Maße die Schienen gekürzt werden müssen. Verlegetemperatur, Tag und Uhrzeit sind in einem Nachweis festzuhalten.

Doch die Arbeiter eines Bitterfeldes Gleisbaubetriebes maßen weder die Schienentemperaturen noch brachten sie die Körnerschläge an. Ungeachtet dessen führten die Schweißer die Schlußschweißungen aus. Sie verschweißten auch die Schienen, die wegen Ausfalls einer Klemmvorrichtung nicht auf die notwendige Länge gebracht werden konnten. Von 42 Schlußschweißungen wurden nur elf mit der Klemmvorrichtung ausgeführt.

Wenn die Schweißlücken zu groß gerieten, wurde nicht ein Stück Schiene eingesetzt, sondern die Schweißer füllten Schrott in die Schweißmasse und veränderten dadurch deren Zusammensetzung. Das war zwar ebenfalls gegen die Vorschrift, man sparte aber jeweils zwei Schweißungen, die bei eingesetzten Schienenstücken unumgänglich gewesen wären.

Am 20. Juni 1984 erreichten die Schienentemperaturen 47 °C, der Querschiebewiderstand des Betontragwerks reichte nicht mehr, das Gleis verwarf sich, als ein Güterzug darüber fuhr. Er entgleiste.

Welche Motive mögen die Gleisbauarbeiter verführt haben? Der Eifer, den Plan zu erfüllen? Wohl eher der dem Menschen innewohnende Hang zur Bequemlichkeit.

Der Schweißmeister und ein Leiter wurden zu empfindlichen Freiheitsstrafen verurteilt, hieß es in einer Zeitung.[79]

Aber nicht alle Gleisverwerfungen wurden aufgeklärt. Mit dieser Feststellung kommen wir dem eingangs erwähnten Unfall bei Böhla etwas näher.

Der Lokomotivführer Sch., der am 1. September 1979 den D 936 Dresden–Salzwedel fuhr, bemerkte auf seiner Lokomotive 132 163 in Höhe des unbesetzten Schrankenpostens 32 zwischen Tangerhütte und Demker (Strecke Magdeburg–Stendal) einen „unnormalen Lauf des Triebfahrzeugs und nicht endendes Wackeln". Er leitete sofort die Schnellbremsung ein. Als er vom Führerstand nach hinten blickte, sah er, daß zumindest ein Personenwagen quer zur Gleisachse stand. Um diese Zeit sollte auf dem Gleis Stendal–Magdeburg der D 737 kommen, Sch. sah das am „Fahrt frei" zeigenden Einfahrsignal von Tangerhütte. Er blendete die Spitzenlichter der Lokomotive rot ab, nahm die Knallkapseln zur Hand und lief dem Zug entgegen, gab ihm Haltsignale. Der Schnellzug hielt auch an, und beide Lokomotivführer wurden bald darauf für ihr – wohl selbstverständliches – Verhalten von der Rbd Magdeburg und in der Zeitung gefeiert und ausgezeichnet.

Wie sah es am Unfallort aus? Zwischen den km 41,8 und 42,0 waren alle zwölf Wagen entgleist, drei umgestürzt, vier angekippt, vier mit beiden Drehgestellen entgleist. Der fünfte Wagen stand quer zur Gleisachse und sperrte das Gleis der Gegenrichtung. Zwei Tote, 23 Schwer- und 39 Leichtverletzte sowie über 1 Million Mark Sachschaden waren das Ergebnis dieses Unfalls, zu dem der Unfallbericht bemerkt, er werde statistisch der Verwaltung Bahnanlagen der Rbd Magdeburg angelastet, weitere Ermittlungen führe die Transportpolizei, Abteilung K. Sonst enthält die Unfallakte nichts von Belang.

79 „Wissen, Können und Verhalten" in: Fahrt frei, Berlin 1985, Nummer 10

Unfallstelle bei Tangerhütte
Foto: Sammlung Reimer

Forst Zinna. Die Lokomotive war vom Panzer zur Seite gedrückt worden, und die Wagen schoben sich vorbei oder ineinander.
Foto: ZB/Haseloff

Die Unfallwagen wurden im Bahnhof ausgebrannt und verschrottet.
Foto: Hafner

ADN verbreitete aber bereits in der Nacht die Mitteilung, es habe sich um eine Gleisverwerfung gehandelt, und so, dachte die Öffentlichkeit und dachten die nicht unmittelbar beteiligten Eisenbahner, werde es wohl seine Richtigkeit haben.

Wäre da nicht das Gerücht, das bereits am 1. September 1979 – der Unfall ereignete sich an diesem Tag um 19.15 Uhr – umlief und das kolportierte, ein Panzer der sowjetischen Armee sei an verbotener Stelle (soll heißen: nicht über einen Überweg) über die Gleise gefahren und habe sie verdrückt. Warum fand das keine Erwähnung im Unfallbericht? Merkwürdig ist die Behandlung dieses Unfalls, der sicher keine Bagatelle war, schon.

Für eine Gleisverwerfung spricht: Der Tag war heiß, und am Gleis war gearbeitet worden. Die Bahnmeisterei hatte die Bettung voll ausgehoben und die Schwellen ausgewechselt. Das Gleis liegt in der Geraden. Das alles sind Bedingungen, unter denen ein Gleis zum Verwerfen neigt. Dagegen spricht:

1. Der Unfallvorgang im Archiv der Rbd Magdeburg sollte so, wie er abgelegt ist, komplett sein! In den zwei Jahren, bis er archiviert wurde, hätte er von der Fachabteilung vervollständigt werden müssen. Zumindest war ein Vermerk anzufertigen, wie die transportpolizeilichen Ermittlungen ausgingen. All das fehlt.

2. Während der Bauarbeiten hatte der Leiter der Bahnmeisterei die Schienen trennen lassen. Das Gleis sollte sich entspannen. Zu seiner Verblüffung lagen die Schienen nicht unter Druck-, sondern unter Zugspannung.

3. Gegen den Leiter der Bahnmeisterei und deren Technischen Leiter hatte die Transportpolizei ein Ermittlungsverfahren eingeleitet und es nach einem Jahr ohne Angabe von Gründen eingestellt.

4. Noch 1991 bestätigte der Leiter der Bahnmeisterei, daß „neben dem Schrankenposten" – also außerhalb des Überwegs – ein Kettenfahrzeug der sowjetischen Armee über die Gleise gefahren „sein soll". Er und andere Befragte, auch der Leiter der damaligen Unfallmeldestelle, äußerten sich, für sie sei die Sache sofort erledigt gewesen, als die „hohen Herren" (unter anderem ein Staatssekretär) der Unfalluntersuchungskommission so und nicht anders entschieden hätten, nämlich: Gleisverwerfung ohne Personalverschulden.

Diese Haltung ist erklärlich, berücksichtigt man, daß alle Vorkommnisse mit sowjetischen Militärangehörigen kaum oder überhaupt nicht aufgeklärt wurden.[80] Deutschen Stellen

80 Am 20. Januar 1988 hieß es in der „Berliner Zeitung": Ein schweres Zugunglück ereignete sich am Dienstagsabend gegen 17.50 Uhr auf der Strecke Leipzig–Berlin. In unmittelbarer Nähe des Bahnhofs Forst Zinna (...) stieß der D-Zug 716 Leipzig–Berlin–Stralsund mit einem Panzer der Sowjetarmee zusammen, der auf offener Strecke versucht hatte, die Gleise zu überqueren." Dieser Unfall kostete sechs Menschen das Leben, zehn wurden schwer-, 26 leichtverletzt. Wieso ein Panzer die Gleise überfuhr, wurde nie bekanntgegeben, die Zeitungen hielten sich an das Muster, breit und ausführlich die Rettungsmaßnahmen zu dokumentieren, Prominenz aufzuzählen und von „jeder erdenklichen Hilfe" zu schreiben, die den Betroffenen zuteil werde. Auf meine Anfrage nach der Ursache und meine Bitte, an einem Gerichtsverfahren teilnehmen zu dürfen, schrieb der Generalstaatsanwalt der DDR – Militär-Oberstaatsanwalt – Leiter U/A III, III-87/88, Pilz, am 14. März 1988: „... daß die vom Militärstaatsanwalt der GSSD (Gruppe der sowjetischen Streitkräfte in Deutschland – der Autor) in dieser Sache geführten Untersuchungen noch nicht abgeschlossen sind. Das Presseamt beim Vorsitzenden des Ministerrates wird darüber zu gegebener Zeit informiert werden, worauf über eine Veröffentlichung entschieden wird." Entschieden wurde nie, jedenfalls nicht für die Öffentlichkeit.

17 Tage nach dem aufsehenerregenden Zusammenprall war wieder Forst Zinna in den Schlagzeilen. Einem ausfahrenden Kohlenzug war die Rangierlokomotive 106 600 in die Flanke gefahren. Der Lokomotivführer hatte das Haltsignal mißachtet.
Foto: ZB/Haseloff

wurde es sehr schwer gemacht, irgendwelchen Fragen nachzugehen und Schadenersatzansprüche durchzusetzen. DDR-Behörden und sowjetische Militärs, das waren zwei Welten. Deshalb dürfte man sich auch auf die Lesart Gleisverwerfung geeinigt haben. Nur, wie kam es zur Gleisverwerfung? Durch die vorherige Verdrückung des Gleises? Durch Mängel während der Instandhaltung oder nach dem Bau? Genau weiß es heute wohl niemand.

„Fahrt frei", die Zeitung der Eisenbahner (der Deutschen Reichsbahn),[81] berichtete: „Am 11. Juni 1981 kam es im Bahnhof Erfurt-Bischleben (Strecke Erfurt–Eisenach) zu einem folgenschweren Bahnbetriebsunfall. Als der D 1453 Düsseldorf–Karl-Marx-Stadt gegen 16.55 Uhr den Bahnhof Erfurt-Bischleben erreichte, entdeckte der Triebfahrzeugführer bei seiner Streckenbeobachtung einen Richtungsfehler im Gleis.[82]

Trotz einer bei einer Geschwindigkeit von ca. 110 km/h (120 km/h sind zugelassen) sofort eingeleiteten Schnellbremsung, also einem schnellen Reagieren, konnte ein schweres Zugunglück nicht verhindert werden.

Von den zehn Wagen des Schnellzuges entgleisten acht, wobei zwei von ihnen die Böschung hinunterstürzten. Nur die Lokomotive der BR 132 sowie der erste und letzte Reisezugwagen blieben auf den Schienen. Der vordere Teil eines Wagens wurde durch die Kollision mit einem Stellwerksgebäude völlig zerstört. Bedauerlicherweise fanden 12 Reisende den Tod, zwei weitere starben einige Zeit später im Krankenhaus. 102 Personen wurden verletzt. (...) Der Sachschaden beläuft sich auf ca. 1,5 Millionen Mark."

Außer den schablonenhaften Hinweisen – Minister an der Unfallstelle, Retter und Helfer, alle erdenkliche Hilfe – war zur Ursache hier und später der Zeitung nichts zu entnehmen. Nur die Unterzeile der Bildunterschrift („Gleisverwerfung brachte Schnellzug zum Entgleisen") verriet ein wenig. Eine weitere Auswertung, auch im Hinblick auf Verantwortliche und Schlußfolgerungen, wurde nicht bekannt.

Wenigstens so viel:

1. Das Gleis verwarf sich, weil es am Schotter mangelte. Dem Gleisrost setzte das Schotterbett keinen Widerstand entgegen. Verantwortliche der Rbd Erfurt hätten diesen Zustand längst erkennen und ihn verändern müssen, blieben aber untätig.
2. Die Spezialkommission der Transportpolizei, Abteilung Kriminalpolizei, Transportpolizei-Amt Erfurt, ermittelte gegen Unbekannt. Als während des Verfahrens ruchbar wurde, daß nicht nur Eisenbahner örtlicher Dienststellen, sondern auch leitende Mitarbeiter der Rbd Erfurt ihre Pflichten verletzt hatten und dies im kausalen Zusammenhang mit dem Unfall stand, wurde „auf höhere Weisung" (vermutlich durch das Innenministerium) das Ermittlungsverfahren eingestellt.
3. Am 13. Juni fand in Dresden die Festveranstaltung zum Tag des Eisenbahners statt. Am frühen Morgen stießen zwischen Bad Blankenburg und Saalfeld zwei Züge zusammen.[83] Dieser Unfall und der von vor zwei Tagen ließen den Verkehrsminister zweifeln, ob am 13. Juni M., Präsident der Rbd Erfurt, als „Verdienter Eisenbahner" ausgezeichnet werden sollte. Diese Konsequenz wäre einmalig gewesen und hätte den „Sozialspiegel" der in der Regel 30 auszuzeichnenden Eisenbahner verändert. Beide Unfälle blieben jedoch für den Präsidenten ohne Folgen.

„Die Ursachen des Unglücks untersucht eine vom Minister für Verkehrswesen der ČSSR einberufenen Kommission", stand am Ende der kurzen Nachricht von ADN, nachdem am 10. Juli 1984 in Uvaly (Strecke Prag–Kolin) fünf Wagen eines Schnellzuges entgleisten. Zwei Reisende kamen ums Leben und acht wurden schwer verletzt. Näheres zu Hergang und Ursache erfuhr man nicht, lediglich eine österreichische Zeitung schrieb tags darauf: „Augenzeugen berichteten, drei Wagen des Zuges seien aus den Schienen gesprungen, ein vierter sei umgefallen."[84] Über das Ergebnis der Untersuchungskommission wurde in der Öffentlichkeit nichts bekannt, der sozialistischen Tschechoslowakei war es offenbar peinlich, daß eine Gleisverwerfung zu diesem Unfall geführt hatte. Zu einem Unfall auf dichtbelegter Strecke mit vernachlässigtem Oberbau.

81 Fahrt frei, Berlin 13/1981, Seite 9. Daß diese Nachricht nicht, wie üblich, auf Seite 1 oder 2 plaziert wurde, war sicherlich Taktik, denn die Seite 9 war normalerwise eine „Unterhaltungsseite"!

82 Das war sicher kein Richtungsfehler, sondern eine Gleisverknickung als Vorstadium der Gleisverwerfung.

83 Geschildert in Preuß: Eisenbahnunfälle in Europa, Berlin 1991, Seite 136

84 Volksstimme Österreich, Wien, vom 11. Juli 1984

Unfallstelle Weinböhla
Foto: SZ/Thieme

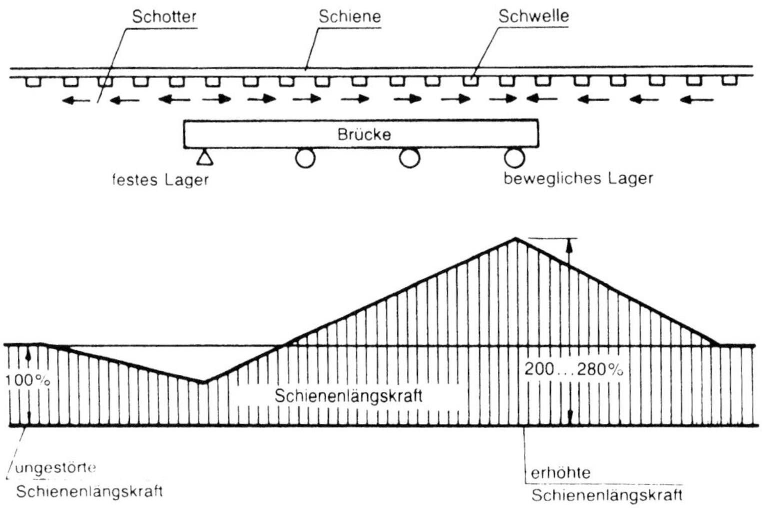

Verlauf der Schienenlängskraft auf einer 120 m langen Brücke. Über dem beweglichen Auflager der Brücke wächst die Schienenlängskraft um bis zu 180 %. Sicherungskappen, Schwellenanker sowie ein Schienenausziehstoß bei langen Brücken sind Mittel, mit denen Verwerfungen begegnet wird. Ungleiche Schienen- und Oberbauformen, Weichen sowie Brücken sind kritische Stellen für Gleisverwerfungen.
Zeichnung: Eisenbahntechnische Rundschau 4/1985

Wie aber kam es zur eingangs beschriebenen Gleisverwerfung bei Böhla? War sie unumgänglich, weil es an diesem Tag heiß war, oder gewannen menschliche Unzulänglichkeiten die Oberhand?

D 1925 soll nach Angaben des Lokomotivführers (Lok 250 225) mit 100 km/h gefahren sein, als er die Gleisverwerfung bemerkte. Nach Ansicht von Oberbaufachleuten bestand hier das Anfangsstadium einer Verwerfung, die sogenannte Gleisverdrückung. Zum Bremsen war es zu spät. Ein Stoß warf den Lokomotivführer vom Stuhl, er war noch in der Lage, den Fahrschalter zurückzustellen und den Bügel (Stromabnehmer) von der Fahrleitung zurückzunehmen. Der dritte bis neunte Wagen des aus zehn Wagen bestehenden Zuges entgleisten, sie trennten sich von der Lokomotive und den ersten beiden Wagen, was die durchgehende Hauptluftleitung unterbrach und den Zug nach etwa 400 m Fahrt anhielt.

Die Unfalluntersuchungskommission der Reichsbahndirektion Dresden vermutete – sicher richtig, daß durch den vorausfahrenden Zug und einen von der Lokomotive ausgelösten Schlag die Gleisverwerfung aus der bestehenden -verdrückung entstand.

1971 war das Gleis in der Oberbauform K 65 hergestellt worden, zum Unfalltag die Soll-Liegedauer nach der Vorschrift um ein Jahr überschritten. Ursache dafür waren sicherlich nicht fehlendes Material oder Geld, sondern die damals üblichen Höchstleistungen, die von der Deutschen Reichsbahn bis 1990 gefordert wurden. Dieses Verlangen führte dazu, den Zugbetrieb in den Vordergrund zu stellen, ungeachtet der erforderlichen Reproduktion, also der Instandhaltung. Für sie gab es keine oder viel zu wenige Sperrpausen, hinzu kam eine vom Mangel an Technik diktierte chaotische Organisation der Oberbauarbeiten.

Am 12. Juni 1990 begann die Bettungsreinigung, am 14. Juni folgte der erste Stopfgang und am 19. Juni das Nachschottern (aus Restbeständen Schotter der Bahnmeisterei). Danach wurde die Streckengeschwindigkeit auf 50 km/h herabgesetzt. Für den zweiten Stopfgang am 12. und 13. Juli hatte man 200 t Schotter bestellt, der allerdings nicht geliefert worden war. Er fehlte im zu stopfenden Gleis, so daß die Steine allenfalls bis zu den Schwellenunterkanten reichten und die Stopfpickel etwa 20 cm links und rechts des Schienenfußes nicht auf Schotter stießen. Weil so das Gleis keine feste Lage erhielt, rief der Haupttechnologe der Bahnmeisterei die Direktion um Hilfe und erhielt wenigstens 100 t Schotter, der dann zwischen die Schwellen gebracht wurde. Die maschinelle Verdichtung unterblieb, sie sollte von den Zügen besorgt werden.

Zwölf Tage danach fragte jemand von der Fachabteilung Oberbau und Strecken der Reichsbahndirektion bei der Bahnmeisterei, ob die Langsamfahrstelle aufgehoben werden könne. Das verneinte der Haupttechnologe, aber am 3. August erklärte der Streckenmeister den Abschnitt wieder für 120 km/h befahrbar. Er ging davon aus, die Zahl der Züge habe gereicht, den Schotter zu verdichten und dem Gleis die nötige Stabilität zu geben.

Was er nicht berücksichtigte:

1. Sowohl bei der Bettungsreinigung als auch beim Stopfen am 14. Juni und am 13. Juli war die Stabilität des Gleises aufgehoben, die Schienenlängskräfte hatten sich bereits aufgebaut.

2. Im Sommer 1990 hatte bei der DR der Verkehrsrückgang bereits eingesetzt, die Güterzüge waren kürzer geworden oder fielen aus. Genügte zur Betriebsverdichtung eine Verkehrsbelastung über 14 Tage (bei 70 Zügen je Tag), so brauchte man im Sommer auf diesem Abschnitt dafür 27 Tage. (Die Langsamfahrstelle war also zu zeitig aufgehoben worden.)

3. Die Entgleisungsstelle lag im Übergangsbogen und an der Grenze zwischen vollständig verdichtetem Schotter nach der Bettungsreinigung von 1988 und unvollständig verdichtetem Schotter, wie dargelegt, von 1990. Das beeinflußte Elastizität und Festigkeit des Gleises. Daß das Gleis so unterschiedlich bearbeitet war, hatte seine Ursache im Ausfall von Maschinen. Der Leiter der Bahnmeisterei bestimmte daher, auf die Gleiserneuerung zu

verzichten und wenigstens die Bettung reinigen zu lassen, die durch die liederliche Beladung der hier verkehrenden Braunkohlenzüge besonders verschmutzt war.

So läßt sich zusammenfassen, daß eine Summe von Mängeln, Improvisation und Fehlern zur Gleisverwerfung führte. Die untersuchende Polizei und der Staatsanwalt mochten aus dem Sachverhalt nicht schlau geworden sein, vor allem nicht hinsichtlich der Pflichtenlage. Sie baten die Hochschule für Verkehrswesen „Friedrich List" Dresden, Sektion Verkehrsbauwesen, um eine Stellungnahme.[85] Prof. Dr. F. kam genauso zum Schluß, daß der zweite Stopfgang die Lagestabilität minderte. Zu zweifeln aber ist an folgender Erkenntnis: „Daß aber vornehmlich Güterzüge die Verdicht- und damit Stabilisierungswirkungen bringen, gehört zu den jüngsten wissenschaftlichen Erkenntnissen, die den Verantwortlichen nicht zur Verfügung standen."

Als weitere Ursache von Verwerfungen sah F. wie die Praktiker der Bahnmeisterei und der Reichsbahndirektion, den Umstand an, daß zwei Abschnitte mit unterschiedlich vertikalem elastischem Verhalten aneinander grenzten. „Ein Abschnitt härter (Bettungsreinigung 1988) und ein Abschnitt weicher (Bettungsreinigung Juni 1990) boten in ihrer Angrenzung für das abrollende Rad eine Unstetigkeit, die in Abhängigkeit der Geschwindigkeit von Achse zu Achse eine Längskraft (ca. 5 kN) eintrug und somit einen Spannungsstau erzeugte, der sich mit den Druckspannungen aus der hohen Temperatur überlagert hat. Dieses Phänomen bedarf weiterer wissenschaftlicher Untersuchungen und könnte den Verantwortlichen in der Tragweite nicht bekannt sein." Schließlich erwähnte F. Flachläufer, die im verworfenen Abschnitt bzw. im Nachbargleis (?) „durch ihre Dynamik die Stabilität beachtlich minderten."

Diese Stellungnahme bewahrte die Zuständigen vor einem Gerichtsverfahren in einer Zeit, als Staatsanwalt und Gerichte mit sich selbst beschäftigt waren. Sie gibt zu Zweifeln Anlaß, ob denn wirklich wissenschaftliche Erkenntnisse vorlagen, die den Praktikern nicht bekannt waren. Flachläufer können zur Entspannung des Gleises führen, aber nur im destabilen Gleis.

Geht man vom menschlichen Versagen aus und weniger von noch wissenschaftlich zu ergründenden Anhaltspunkten, dann war der „Pfusch am Bau" die Ursache der Gleisverwerfung, nämlich das Stopfen ohne Schotter und die unterlassene Verdichtung. Der Streckenmeister wußte vom Drängen der Reichsbahndirektion, die Langsamfahrstelle aufzuheben und ging dieses Risiko ein. Und der Haupttechnologe prüfte weder auf der Baustelle noch mit Hilfe eines Rechnerausdrucks, ob überhaupt die Voraussetzungen dazu vorlagen.

An jedem Meter des Gleises ein Mann, wie in der „BZ am Abend" geschrieben, auch das hätte die Verwerfung nicht verhindert. Bei so viel Unzulänglichkeit durch Menschenhand.

85 Die Stellungnahme vom 14. September 1990 ging an die Reichsbahndirektion Dresden.

9

Versagte die Technik?

Mit Schweißbrennern trennen die Rettungsmannschaften die Wagentrümmer in London Clapham Junction
Foto: Press Associat

Die Stellung der Schranken zu beobachten, war bei der Deutschen Reichsbahn und, wie anzunehmen ist, auch bei anderen Bahnen keine Angelegenheit des Lokomotivführers. Er wäre damit überfordert, weil er auf offene Schranken nicht schnell genug reagieren könnte, um einen Unfall am Bahnübergang zu verhüten. Die Stellung der Schrankenbäume, zwar auffällig rot-weiß angestrichen, ist kaum auf weite Entfernung zu sehen, und der Bremsweg aus hohen Geschwindigkeiten ist, auch bei Schnellbremsung, so lang, daß der Lokomotivführer eine viel zu schwere Bürde aufgeladen bekäme, müßte er das gefahrlose Passieren der Wegübergänge verantworten.

Daß der Wegübergang sicher überquert werden kann, ist bei beschrankten Überwegen Sache des Schrankenbedieners, bei unbeschrankten des Verkehrsteilnehmers. Allerdings hieß es beispielsweise in den Fahrdienstvorschriften der Deutschen Reichsbahn: „Der Triebfahrzeugführer beobachtet die zu befahrende Strecke mit ihren Signalen und, soweit möglich, den Zug. Er achtet darauf, daß die zu befahrenden Gleise und Wegübergänge[86] frei sind und bei elektrisch betriebenen Strecken die Fahrleitung in Ordnung ist."[87]

Das bedeutet nicht, daß er darauf zu achten hatte, ob der Wegübergang abgesperrt ist oder nicht. Vielmehr durfte er nicht weiterfahren, wenn auf ihm ein Hindernis zu erkennen war. Bei der Prüfung der strafrechtlichen Verantwortlichkeit spielt das Verhalten des Lokomotivführers dann doch eine Rolle. Die Frage lautet: Konnte er den Unfall verhindern?

Die Verhaltensanforderungen änderten sich, je mehr Wegübergänge mit zugbedienten Wegübergangssicherungsanlagen (Halbschranken- oder Haltlicht- bzw. Warnlichtanlagen) ausgerüstet wurden. Diese Anlagen sind oftmals durch Signale gedeckt, die die uneingeschränkte Weiterfahrt nur dann gestatten, wenn der Wegübergang ordnungsgemäß gesichert ist. Der Wegübergang gilt für den Straßenbenutzer als ordnungsgemäß gesichert, wenn alle Straßensignale rot blinken, auch die Halbschrankenanlage, selbst wenn nicht alle Halbschrankenbäume schließen.

Automatische Wegübergangssicherungsanlagen können von Haupt- oder speziellen Überwachungssignalen gedeckt werden. Bei der DR wurden letztgenannte Signale als „So 16" bezeichnet, bei der DB als „BÜ". Mit ihnen wird dem Lokomotivführer angezeigt, ob die Schranke geschlossen ist, oder bei Halt- bzw. Warnlichtanlagen, ob die Warnlampen blinken. Mit der Einführung dieser Signale ging die Verantwortung für die Sicherheit am Wegübergang auf den Lokomotivführer über, von Ausnahmen abgesehen, etwa wenn der Verkehrsteilnehmer trotz geschlossener Halbschranke den Überweg passierte.

Die Pflicht zur Signalbeobachtung und -beachtung ist ganz sicher bei jeder Bahnverwaltung für den Lokomotivführer obligatorisch. Bei der DR blieb bis 1967 wegen des ständigen Mangels an Bau- und Ausrüstungskapazitäten sowie an Investitionen die Zahl der zugbedienten Wegübergangssicherungsanlagen und damit die Zahl jener vom Lokomotivführer zu beachtenden Überwachungssignale gering. Sie waren ausgesprochen selten und

86 Die Begriffe Weg- oder Bahnübergänge schwanken von Zeit zu Zeit. Bei der DB wurden die Kreuzungsstellen Bahn – Straße stets Bahnübergang genannt, bei der DR seit 3. Oktober 1991.

87 § 51 Abs. 1 der DV 408, gültig vom 15. Juni 1970 an

hauptsächlich an starkbefahrenen Wegübergängen auf Nebenbahnen zu finden, die noch nie von Schrankenwärtern besetzt waren. Schrankenwärter an Haupt- und Nebenbahnen durch solche Anlagen zu ersetzen, verzögerte sich aus o. a. Gründen. Man mußte die durch fehlende Schrankenwärter bedingten Belastungen hinnehmen.

Das änderte sich nach dem Unfall von Langenweddingen.[88] Jetzt wurde nicht allein wegen der höheren Sicherheit, die die vom Menschen nahezu unabhängige Wegübergangssicherungsanlage brachte, vor allem wegen fehlender Schrankenwärter der Bau zugbedienter Wegübergangssicherungsanlagen beschleunigt. Doch das Investitionsvolumen zehrten die Tiefbauleistungen weitgehend auf, die notwendig waren, um die Kabel zu den Überwachungssignalen zu verlegen. Arbeitskräfte, erst recht Technik, zum Schachten waren ohnehin rar. Deshalb hatte jemand die Idee, auf das sogenannte Lokomotivführerüberwachungssignal (Signal „So 16")[89] zu verzichten. Ursprünglich stand es unmittelbar vor dem Wegübergang. Seit 1974 wurden sinnvollerweise die Überwachungssignale im Vorsignalabstand zum Überweg aufgestellt, was die Kabelwege verlängerte.[90] Eine weitere Änderung in Richtung höhere Sicherheit: Zeigte das Signal in der Grundstellung ursprünglich kein Kennlicht (Bedeutung: Überweg nicht gesichert), so bekam das Signal bei späterer Ausführung zwei gelbe Lichter. Der Lokomotivführer konnte dadurch von weitem eindeutig erkennen, daß der Überweg nicht gesichert ist. Bei gesichertem Überweg wechselte das Signal von „So 16a" nach „So 16b" (zu den gelben Lichtern trat das weiße Kennlicht).

Solange aber an Überwachungssignalen gespart wurde – bis Mitte der siebziger Jahre, dann setzte ein Nachrüstungsprogramm ein –, war der Lokomotivführer von der Verantwortung entbunden, durch seine Beobachtung des Überwachungssignals das ungestörte Queren der Übergänge durch die Verkehrsteilnehmer zu garantieren.

Kritisch wurde es, wenn die Anlage gestört war. Das erkannte der Wächter auf einem nahegelegenen Stellwerk an der Überwachungsanlage. Bis die Anlage wieder funktionierte, erhielten die Züge Vorsichtsbefehl. Der Zug durfte den betreffenden Überweg nur vorsichtig, mit höchstens Schrittgeschwindigkeit, befahren. Gefahr bestand durch den „Entdeckerzug", jenen Zug, bei dem erstmals die Störung eintrat und der ungesichert den Übergang befuhr! Erst durch ihn wurde die Störung über die Überwachungsanlage „gemeldet"! Ein Unfall mit solch einem Entdeckerzug ist allerdings nicht bekannt geworden. Im Laufe der Zeit wurden bis auf wenige Ausnahmen alle Überwege mit Überwachungssignalen nachgerüstet, ein Teil wurde sogar mit den Hauptsignalen abhängig gemacht.

Zugbediente bzw. automatische Wegübergangsicherungsanlagen an zwei- oder mehrgleisigen Strecken werden immer als getrennte Anlagen ausgeführt. Wenn also die Anlage

88 geschildert in Preuß: „Eisenbahnunfälle in Europa", Berlin 1991, Seiten 48ff

89 Bei der DB ist es das Signal Bü 0 bzw. Bü 1.

90 Auf Hauptbahnen und auf mit mehr als 60 km/h befahrenen Nebenbahnen im Vorsignalabstand, also 700...1 000 m, auf den übrigen Nebenbahnen mindestens 50 m vor dem Wegübergang

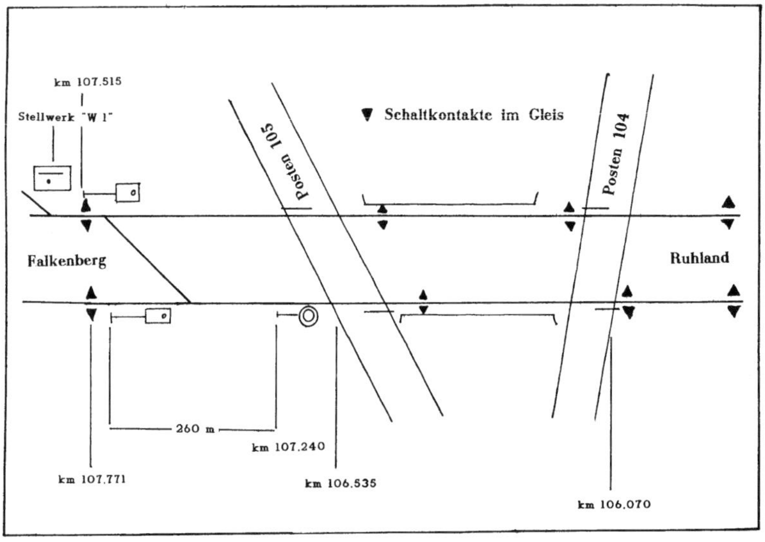

Skizze zur Lage der Bahnübergänge und Gleiskontakte bei Lauchhammer
Zeichnung: Preuß

der Fahrtrichtung von A nach B gestört ist, hat das keine Auswirkungen auf die Anlage von B nach A. Dies muß man bei den Diskussionen um den nachfolgend beschriebenen Unfall wissen.

Am 8. April 1986 kamen bei Lauchhammer (Strecke Ruhland–Elsterwerda) acht Menschen ums Leben, weil ein Linienbus mit einem Güterzug zusammengeprallt war. 38 Busfahrgäste erlitten Verletzungen, 13 von ihnen schwere. Unter den Getöteten war der Busfahrer. Der Bus war etwa 60 m mitgeschleift worden. Die Zeitungen schrieben tags darauf, die Halbschranke des Bahnübergangs sei infolge eines technischen Defekts nicht geschlossen gewesen. „Wegen des dringenden Verdachtes, daß der Triebfahrzeugführer des Güterzuges ein den Defekt anzeigendes Signal nicht beachtet hat, wurde gegen ihn ein Ermittlungsverfahren eingeleitet."[91]

Das Kreisgericht Senftenberg verurteilte den Lokomotivführer R. zu einer Freiheitsstrafe von zwei Jahren und sechs Monaten sowie zum Schadenersatz.[92] Aber der Verurteilte sah nicht ein, daß er ein Signal mißachtet haben sollte. Nach seiner Auffassung hatte das weiße Licht des Signals „So 16b" geleuchtet, folglich mußte die Anlage versagt haben. Nicht er sei der Schuldige, schuld sei die Technik. Er legte Berufung ein, die vom Bezirksgericht Cottbus abgewiesen wurde. Trotzdem hielt sich die Meinung in Lauchhammer und natürlich in Lokführerkreisen, R. sei zu unrecht verurteilt worden. Jeder mit solcher Auffassung hatte auch Beispiele parat, wo er gesehen haben will, daß eine Halbschrankenanlage nicht schloß, obwohl das Signal „So 16" aufleuchtete.

91 Neues Deutschland, Berliner Ausgabe, vom 11. April 1986

92 Nach DDR-Recht kam auch im Strafverfahren die materielle – arbeitsrechtliche – Verantwortlichkeit zum Zuge. Bei Fahrlässigkeit hatte der Verurteilte höchstens die Höhe eines Bruttomonatslohns (seinerzeit rund 1 000 M) Schadenersatz zu zahlen.

Derartige Schutzbehauptungen kommen auch immer einmal vor, wenn ein Lokomotivführer unzulässig am haltzeigenden Signal, vornehmlich an einem Lichtsignal, vorübergefahren ist. Der Versuch, ihn im Relaisraum des Gleisbildstellwerks oder durch Schaltpläne von der Unmöglichkeit zu überzeugen, daß das Signal „grün" gezeigt haben könne, scheitert aus zwei Gründen:

1. Nach dem Vorfall sind Tage, Wochen vergangen – wer will den damaligen Schaltzustand wiederholen?
2. Der wenig von der Relaistechnik Wissende hat Mühe, sich in Schaltplänen zurechtzufinden. Er muß den Ausführungen der Sicherungstechniker und ihrer Wahrheitsliebe vertrauen.

Wie funktionierte die Anlage bei Lauchhammer, oder wie funktionierte sie nicht?

In diesem Streckenabschnitt werden die Überwege der ehemaligen Schrankenposten 104 und 105 von Halbschrankenanlagen gesichert. Zwischen beiden Überwegen liegt der Haltepunkt Lauchhammer Süd, und der Einschaltkontakt für die Anlage des ehemaligen Postens 105 befand sich in km 107,771.

Beide Anlagen lagen derart dicht beieinander, daß das Überwachungssignal jeweils vor dem davorliegenden aufgestellt werden müßte. Das wäre nicht nur eine Signalhäufung, sondern irritierte sicherlich die Lokomotivführer. Um das zu vermeiden, darf nur das Überwachungssignal des ersten Überwegs aufgestellt werden. Dieses gilt für alle weiteren Überwege, die dem ersten benachbart sind, hier auch für den ehemaligen Posten 104. Die Mastschilder wiesen den Lokomotivführer auf diese Erweiterung hin. Die Anlagen wurden schaltungstechnisch miteinander verbunden (gekoppelte Anlagen). Wurde die eine Anlage geschlossen, schloß gleichzeitig die andere, und zwar in folgender Reihenfolge:

1. Der Zug befuhr die Einschaltstelle der beiden Anlagen in km 107,71. Die Straßensignale begannen zu blinken.
2. Sobald an beiden Wegübergängen alle vorhandenen Straßensignale infolge der Einschaltung blinkten, wechselte am Überwachungssignal des Gleises Lauchhammer–Ruhland das Signalbild von „So 16b" in „So 16a".
3. Nach Ablauf der Vorwarnzeit von etwa 13 s schlossen an beiden Wegübergängen die Halbschrankenbäume.
4. Wenn der Zug die Ausschaltstelle, unmittelbar hinter der Straße des ehemaligen Postens 105, befuhr, wurde die Teilanlage „Posten 105" ausgeschaltet. Sie steuerte das Öffnen der Halbschrankenbäume dieses Wegübergangs und geriet in den schaltungstechnischen Sperrzustand. Das Überwachungssignal wechselte von „So 16a" in „So 16b".
5. Sobald die Halbschrankenbäume geöffnet waren, wurden die Straßensignale dieses Wegübergangs abgeschaltet und damit der Wegübergang für den Straßenverkehr freigegeben. Diese Anlage war noch im Zustand nach 4., und dadurch konnte sie nicht erneut eingeschaltet werden.
6. Der Zug befuhr die Ausschaltstelle in km 106,70 und schaltete die Anlage zum „Posten 104" ab. Geöffnet wurden auch hier die Halbschrankenbäume, und die Anlage

geriet in den schaltungstechnischen Sperrzustand. Damit wurde der schaltungstechnische Sperrzustand nach 4. beim „Posten 105" aufgehoben, die Anlage erreichte die Grundstellung und konnte wieder eingeschaltet werden (siehe 1.).

7. Sobald die Halbschrankenbäume des „Postens 104" vollständig geöffnet waren, wurden die Straßensignale dieses Wegübergangs abgeschaltet und damit der Übergang für den Straßenverkehr freigegeben. Die Anlage befand sich noch im Sperrzustand, sie ließ sich für eine weitere Zugfahrt der Richtung Lauchhammer–Ruhland nicht einschalten.

8. Sobald der Zug die Gegeneinschaltstelle befahren hatte, wurde die Grundstellung erreicht, die Anlage war wieder einschaltbar.

Am Unfalltag hatte der Ausschaltkontakt zur Anlage des ehemaligen Postens 104 vermutlich einen Schlag erhalten, er war defekt: Die Schranken blieben geschlossen. 15 Zeugen hatten gesehen, daß sich die Schranken nach Vorbeifahrt eines Personenzugs nicht öffneten. Der Wärter des nächsten Stellwerks mit der Überwachungsanlage bediente die Grundtaste, und die Schranken öffneten. Dieser Zustand bestand noch, als die Unfalluntersuchungskommission eintraf.

Wenn der Lokomotivführer das Signal „So 16a" gesehen haben will (Bedeutung: „Der Wegübergang ist gesichert und darf mit unverminderter Geschwindigkeit befahren werden") und die Schranke am Posten 105 wegen einer Störung nicht geschlossen gewesen sein soll, dann hätte die Schranke am Posten 104 ebenfalls nicht geschlossen sein dürfen, sie war ja mit der ersten gekuppelt. Oder anders ausgedrückt: Schaltungstechnisch war es unmöglich, daß die Schranke des Posten 105 geschlossen sein konnte, die gestörte, wenn auch noch vom vorangefahrenen geschlossene, Schranke verhinderte, daß die Anlage des Postens 105 in die Grundstellung kam (siehe Ziffer 6.).

Wäre es so gewesen, wie es der Lokomotivführer vor dem Kreisgericht Senftenberg und in der Berufung beim Bezirksgericht Cottbus behauptete, hätten drei unabhängige Schaltwege mit verschiedenen Kabeladern versagen müssen – das war unwahrscheinlich.

Die Kuppelschaltung kam der Unfalluntersuchung entgegen. Als die „Fahrt frei" einen Gerichtsbericht veröffentlicht hatte[93], forderten das Urteil des Kreisgerichts und die zurückgewiesene Berufung den Widerspruch einiger Benutzer des vom Unfall betroffenen Überwegs heraus. Sie meinten, der Lokomotivführer sei zu unrecht beschuldigt und verurteilt worden, auch sie hatten Störungen wahrgenommen und waren von der Unzulässigkeit der Wegübergangssicherungsanlagen überzeugt.

Ihre Hinweise bezogen sich aber auf Störungen der Anlage in der Fahrtrichtung Horka–Falkenberg (also der unabhängig von der „Unfall-Anlage" arbeitenden) und betrafen „undefinierbare Schaltzustände" (– so der Sachverständige). Daß die Petenten auch öfter vor der geschlossenen Schranke standen, ohne daß ein Zug zu bemerken war, hing mit der gekoppelten Anlage zusammen. Der Zug war am Posten 105 vorbeigefahren, hatte am Haltepunkt Lauchhammer Süd gehalten und mußte erst den Ausschaltkontakt hinter

93 Nummer 18/1986

dem Posten 104, in km 106,070, befahren. Der Außenstehende hatte womöglich den Zug nicht gesehen, die Zeit geriet zur Ewigkeit, bis die Schranke öffnete. Und er schloß vorschnell auf einen Schließ- und Öffnungsvorgang „ohne den Zug".

Unter Lokomotivführern nicht weniger mysteriös muß der Unfall am 8. Dezember 1987 bei Walpertshofen (Strecke München – Ingolstadt) und dessen Schuldfrage diskutiert worden sein. Dort hatte um 11.27 Uhr der Schnellzug 722 Berchtesgaden–Dortmund zwei Autos erfaßt, eines davon wurde zwischen Lokomotive und Bahnsteig zerquetscht, der Fahrer auf der Stelle getötet. Der Fahrer des zweiten Pkw wurde nur leicht verletzt.

Wie die Zeitungen feststellten,[94] wartete der Schnellzug auf einen entgegenkommenden Güterzug. Nach dessen Durchfahrt hoben sich die Halbschranken, vor denen links und rechts der Bahnstrecke die zwei Autos warteten. Gleichzeitig mit den Autos setzte sich der Schnellzug in Bewegung. „Die Schranken werden von den Zügen automatisch in Gang gesetzt, schlossen sich diesmal aber offenkundig nicht rechtzeitig." Und da die SZ-Redaktion den Hintergrund zum Unfall bieten wollte, aber nur auf ihr Archiv zurückgriff, liest der sich so: „Ursache des Unglücks dürfte eine Regelung sein, die nach einem schweren Unfall am 2. Weihnachtsfeiertag 1984 getroffen wurde. Damals wurden zwei Mädchen getötet, die zwar die anfahrende S-Bahn abgewartet hatten, den herannahenden Gegenzug aber nicht bemerkten. Seitdem dürfen sich in Walpertshofen nicht mehr zwei Züge kreuzen."

Der Unfall trug sich anders zu. Dort, wo die Gemeindestraße Hebertshausen–Walpertshofen die zweigleisige Strecke kreuzt, sicherte eine fernüberwachte Blinklichtanlage mit Halbschranken der Bauform Fü 2H/60 der DB den Straßenverkehr vor dem Zugverkehr und umgekehrt. Ein- und ausgeschaltet wurde sie von den Zügen über Gleiskontakte, der Fahrdienstleiter des Bahnhofs Dachau besaß im Stellwerk eine Überwachungsanlage, die ihm optisch und akustisch Fehler oder Störungen anzeigte.

Am Unfalltag war im Gleis München–Ingolstadt das Blocksignal 327 gestört, weil ein unvorsichtiger Baggerfahrer das Signalkabel angerissen hatte. Durch die Zerstörung dieses Kabels wurde die Verbindung zwischen Blocksignal und Vorsignal unterbrochen, und schaltungsbedingt konnte das rückgelegene Blocksignal nicht mehr auf Fahrt gestellt werden. Es zeigte dauernd „Halt".

Dieses Blocksignal stand vor dem Bahnübergang in Walpertshofen in km 21,545, jedoch hinter den Einschaltkontakten der Halbschrankenanlage, die in km 20,471 lagen. Dadurch, daß das Blocksignal „Halt" zeigte, blieben die Einschaltkontakte zunächst wirkungslos, da in solchem Fall die Blinklichtanlage nicht angestoßen und auch die Schranken nicht geschlossen werden sollten. Befuhr ein Zug die Einschaltkontakte und das Blocksignal zeigte „Halt", wurde die Anschaltung der Bahnübergangssicherungsanlage gespeichert. War der vorliegende Blockabschnitt geräumt, wurde zuerst die Blinklichtanlage eingeschaltet und mit einer Verzögerung von 17 s das Signal auf Fahrt gestellt.

94 so auch die Süddeutsche Zeitung, München, vom 5. Juni 1989

Wenn, wie am Unfalltag, das Blocksignal gestört war, konnte der Fahrdienstleiter das Ersatzsignal bedienen. Auch dann setzte zuerst die Blinklichtanlage ein, und erst nach 17 s leuchtete das Ersatzsignal auf. Mit dieser Schaltung soll es den Verkehrsteilnehmern ermöglicht werden, den Überweg zu räumen, bevor der Zug vor dem Signal anfuhr.

Auf diese Weise, auf Ersatzsignal, hatte der Fahrdienstleiter K. von Dachau die Züge 7236, 83 632 und 83 626 fahren lassen, ehe Zug 722 vor dem Blocksignal zum Halten kam. K. prüfte mit der Blockabschnittsprüftaste, ob der vorgelegene Blockabschnitt frei sei und bediente danach das Ersatzsignal. Es leuchtete nicht auf. Er versuchte dreimal, die Ersatzsignalgruppentaste zu bedienen, es blieb beim Ausfall des Ersatzsignals, es leuchtete nicht auf. Danach setzte er sich über Zugbahnfunk mit dem Lokomotivführer E. in Verbindung und diktierte ihm den schriftlichen Befehl A.

Derartige betriebswichtigen Gespräche sind, um Irrtümern zu begegnen, zu wiederholen. Der Dialog ist durch den Sprachspeicher des Zugbahnfunks erhalten geblieben.

K.: Fahrdienstleiter K. Du bekommst Befehl A.

E.: Ja.

K.: Schreiben wir rein, Zug 722, dann Abschnitt B einkranzeln[95], fährt vorbei an Halt zeigenden oder gestörten, das tun wir alles streichen, bis auf die vorletzte Zeile, da heißt es: selbständigen Blocksignal Nr. 327.

E.: 327

K.: Richtig, dann haben wir Abschnitt d Nummer 1.

E.: Moment mal, ach, Nummer 1, da ja.

K.: Hält vor BÜ vor km 21,976.

E.: 21.

K.: Komma 976.

E.: 976.

K.: Jawohl, Weiterfahrt, wenn BÜ gesichert ist.

E.: Ja, also paß auf, der 722 fährt vorbei am Haltzeichen vor dem gestörten Blocksignal 327 äh Nummer 4, dann Nummer 1 km 21,976.

K.: Hält genau vor km 21,976, Weiterfahrt, wenn BÜ gesichert ist, ja, dann haben wir unten Dachau den 9. 12. 87 um 11.27 Uhr.

E.: 9. 12. 87, äh, was haben wir gesagt.

K.: 11.27 Uhr.

E.: 11.27 Uhr.

Dann wurden die Namen verglichen, und der Lokomotivführer redete sich zu: „Dann können wir fahren, ja." Der Fahrdienstleiter: „Jawohl." Wieder der Lokomotivführer: „Okay, gut, Servus." Der Fahrdienstleiter: „Servus". Und das Unglück nahm seinen Lauf.

Offenbar war der Lokomotivführer aufgeregt und hatte den Sinn des Befehls nicht begriffen. Man kann sich das vorstellen. Der Schnellzug erhielt einen außerplanmäßigen Halt und begann sich zu verspäten. Jetzt lag es scheinbar allein am Lokomotivführer, am Signal vorbeizukommen. Der die Situation seines Bahnhofs eher gewohnte Fahrdienstleiter wußte, was er zu tun, zu diktieren hatte. Fremd war die Situation für den Lokomotivführer, ein fremder Gesprächspartner, unerwartete Weisungen und dann die Verbindung zwischen Signal und Schranke. Wortwörtlich hatte E. die Worte K.s nicht wiederholt, sondern sich bemüht, keine Zeit mit dem Befehlsdiktat zu verlieren und dem Fahrdienstleiter zu entsprechen. Schließlich wiederholte er eine falsche Zeile im Befehl und füllte diese auch so falsch aus. Andererseits werden die Lokomotivführer hinsichtlich der Befehle und deren Ausfertigung regelrecht trainiert. Vor Gericht räumte das E. ein, aber „Befehle mit Bahnübergängen" seien nie geübt worden. Er sei auch nur in die Bedienung des Funkgerätes eingewiesen worden, nie wurde der Funkverkehr selbst geübt. Es sei schon lange her, daß ihm ein Befehl über Funk zugesprochen worden sei.

Schließlich hätte der Fahrdienstleiter die **sinngemäße** Wiederholung des von ihm diktierten Textes nicht hinnehmen dürfen, da die Fahrdienstvorschrift die **wörtliche** Wiederholung fordert.[96] Sicherheitshalber hätte er nochmals zur wörtlichen Textwiederholung auffordern müssen und nicht selbst den Text vorlesen dürfen. Das Nachhelfen durch K. machte den Lokomotivführer nicht sicherer. Der Fahrdienstleiter hatte ihm so viel gesagt, aber wie wenig stand auf dem Befehl? „Ja" am Schluß des Dialogs klang nicht nach Einverständnis, sondern nach Frage, Zweifel.

E. setzte auf der Lokomotive 111 094 den Zug in Bewegung und erreichte vor dem Übergang eine Geschwindigkeit von 50 km/h. Die Halbschranke war geschlossen, aber nicht für den Schnellzug, sondern für den entgegenkommenden Zug 53 379. Die Anlage auf dem Gleis Ingolstadt–München arbeitete einwandfrei (und steht, wie beim Unfall von Lauchhammer erklärt, mit der Anlage des Gleises München–Ingolstadt nicht in Verbindung). Als der Güterzug die Ausschaltkontakte befahren hatte, öffneten die Schrankenbäume, und das war in jenem Augenblick, da sich der Schnellzug etwa 20 m (nach Aussage des Lokomotivführers E.) vor dem Übergang befand.

Zwei Pkws fuhren von links und von rechts sofort los, der Lokomotivführer gab ein Pfeifsignal und leitete die Schnellbremsung ein. Der eine Pkw wurde im hinteren Teil getroffen und zur Seite geschleudert, der andere von der Lokomotive frontal erfaßt und zwischen ihr und der Bahnsteigkante eingeklemmt. Dem Lokomotivführer wurde vorgeworfen, daß er hätte unbedingt vor dem Bahnübergang anhalten müssen, selbst wenn, vom Gegenzug ausgelöst die Warnlichtanlage funktioniert hätte und die Schranken geschlossen gewesen wären. Das verlangte ja der Befehl A. Zuerst soll das Zugpersonal versuchen, mit Hilfe der Hilfseinschalttaste den Bahnübergang zu sichern, dann, wenn dies nicht möglich ist, muß ihn ein Posten (Beimann, Zugbegleiter) sichern.[97]

In der Voruntersuchung verweigerte E. die Aussage, so daß zunächst nicht geklärt werden konnte, ob er bei der Befehlsübermittlung überhaupt verstanden hatte, daß er den

95 bayerisch für einrahmen

96 § 11 Abs. 3 a) 1. Satz der Fahrdienstvorschrift der DB

97 Seit 3. Oktober 1990 gelten diese strengen Vorschriften auch bei der DR, das Befahren des Übergangs mit Schrittgeschwindigkeit ohne Postensicherung ist nicht mehr erlaubt.

Bahnübergang ohne Postensicherung nicht befahren durfte oder ob er durch die dann doch geschlossene Schranke irritiert und zum Befahren des Übergangs veranlaßt wurde. Während der Vernehmung in der Hauptverhandlung des Amtsgerichts Dachau erklärte E. dann: „Ich habe irgendwie nicht ganz kapiert, daß ich halten muß."[98]

Man kann spekulieren: Bei langsamer Fahrt des D 722 an den Bahnübergang hätte E. die sich öffnenden Halbschranken bemerkt und gebremst. Bei schnellerer Fahrt wäre er im gleichen Moment wie der entgegenkommende Güterzug über den Übergang gefahren, und die Schranken hätten die Pkw-Fahrer auch vor dem Schnellzug geschützt.

Schließlich hatte das Gericht auf Antrag des Anwalts eines der Nebenkläger zu klären, wo sich die Schnellzuglokomotive befand, als sich die Schranken öffneten und ob der Pkw-Fahrer den Schnellzug überhaupt sehen konnte. Dies zu beurteilen, wurde jener Sachverständige geholt, der in der DDR nach der deutschen Vereinigung sofort alle „Trabant" stillegen lassen wollte: Prof. Max Danner.

Er kam zu dem Schluß, daß der später verletzte Pkw-Fahrer etwa 6 s vor dem Unfall losfuhr und dabei der Zug noch rund 77 m entfernt war. Der Zug war 90 m vor dem Bahnübergang, als die Schranken sich zu öffnen begannen. Als der Pkw-Fahrer in den ersten Gleiskörper einfuhr, hatte er eine Sicht in Richtung Zug von 230 m, dieser war aber nur 14 bis 15 m entfernt von ihm. Dem Pkw-Fahrer wären nur 3,5 s geblieben, um dem nahenden Zug zu entkommen. Der Staatsanwalt sah den Tatbestand des Vergehens der fahrlässigen Tötung in Tateinheit mit fahrlässiger Körperverletzung als erwiesen an und beantragte sieben Monate Freiheitsstrafe für E., die auf Bewährung ausgesetzt werden sollte.

E., der bis zur Urteilsverkündung am 12. Juli 1989 56 Jahre alt und Rentner geworden war, wurde zu einer Geldstrafe von 10 800 DM und den Kosten des Verfahrens sowie den der beiden Nebenkläger verurteilt. Das Gericht sah ein „geringes Mitverschulden" der beiden in den Unfall verwickelten Pkw-Fahrer, und der Verteidiger des Angeklagten sprach von einer „Papiersicherheit" der Bahn.

Wie erwähnt, ist das Mißtrauen besonders der Lokomotivführer zur absoluten Sicherheit der Sicherungs- und Signaleinrichtungen groß. Zuerst ist immer der Verdacht, die Technik habe versagt, doch die Ursachenermittlung ergibt, daß sie eben nicht versagte, wohl aber der Mensch. Man braucht nicht gleich an Tschernobyl zu denken, auch der Eisenbahnbetrieb kennt Katastrophen, weil der Mensch die Technik nicht beherrschte.

Die Zeitschrift „Eisenbahn", Wien, 2/1969, Seite 23, enthält folgenden Bericht:

„Wie schon im Rundfunk, Fernsehen und Tagespresse eingehend berichtet wurde, kam es am 22. Dezember 1968 in Ungarn zu einem sehr schweren Eisenbahnunfall. Um 17.05 Uhr kam es auf freier Strecke zwischen den Bahnhöfen Mende und Sülysap (Strecke Budapest–Bekecsaba), knapp 150 m nach der Haltestelle Pusztaszentivan, zu einem Fron-

98 Amtsgericht Dachau Ls 58 Js 16815/88

99 Das ist jene Abteilung, wie sie als Verbindungsorgan zum jeweiligen – geheimen – Sicherheitsapparat bei jedem höheren Leiter bestand.

talzusammenstoß zwischen dem von einer 424 gezogenen Fernpersonenzug 66616/a und einem aus Szolnok kommenden, von einer M 62 gezogenen Güterzug. Der beschleunigte Fernpersonenzug 66616/a fährt um 16.15 Uhr im Budapest Ostbahnhof ab, hält nur in einigen großen Stationen und ist nach Békécsaba abgerichtet. Er ist ein sogenannter Vorfeiertagszug, der nur am 18. August, 22., 23. und 30. Dezember sowie am 2. und 3. April verkehrt. Der Personenzug befand sich auf dem falschen, der Güterzug auf dem richtigen Gleis.

Auf der bisher eingleisigen Strecke Rakos–Szolnok wurde erst in diesem Jahr das zweite Gleis verlegt und dieser Personenzug war praktisch die erste Fahrt auf dem neuen Gleis. Der Zusammenstoß ereignete sich bei Dunkelheit, außerdem herrschte dichter Nebel. Beide Züge fuhren mit etwa 70 km/h. Der Personenzug war sehr stark besetzt, da bereits zahlreiche in Budapest Werktätige die Heimfahrt über die Feiertage antraten. Lokomotivführer und Heizer der 424 sprangen nach Einleitung der Notbremsung von der Maschine und wurden schwer verletzt. Die Maschine selbst wurde an Frontpartie und Tender schwer beschädigt. Der erste Reisezugwagen wurde in den Tender hinein teleskopiert. In diesem für Mütter und Kinder reservierten Wagen befanden sich die meisten Toten, deren Zahl zwischen 50 und 100 liegen dürfte. Weitaus schwerer wurde die russische M-62-Diesellok beschädigt, die abgesehen von der Totaldeformierung an Front und Rückseite auch im Motorraum schwerst beschädigt wurde, da sich sämtliche Geräte aus den Verankerungen rissen.

Die Rettungsarbeiten wurden dadurch sehr erschwert, daß die Unfallstelle in einem tiefen Einschnitt lag und der Einsatz von Kränen fast unmöglich wurde. Man behalf sich daher mit militärischen Bergepanzern. Es war dadurch möglich, die Verletzten binnen kürzester Zeit mittels 28 Rettungswagen in Budapester Spitäler einzuliefern.

Die Unfallursache liegt in einer Verkettung unglücklicher Umstände, die im Zusammenhang mit der Befahrung des neuen zweiten Gleises stehen."

Der Bericht dürfte nach der Auswertung von Zeitungsberichten geschrieben sein, zumal die nebulöse Umschreibung der Ursache der Sprachregelung entspricht, wie sie in den Zeitungen der sozialistischen Länder geübt wurde, damit sich niemand ein Bild vom Versagen eines oder mehrerer Menschen oder gar eines Systems machen sollte. Noch allgemeiner war stets vom menschlichen Versagen und tragischen Umständen die Rede, als gehe es darum, eine sparsame Traueranzeige zu schalten.

Auf eine schriftliche Anfrage bei der Generaldirektion der Ungarischen Staatsbahnen (MÁV) und mehreren Erinnerungen im Jahre 1978 wurde ich in die entsprechende Fachabteilung in Budapest eingeladen. Dort bedeutete man mir, die „Inspektion des Generaldirektors"[99] möchte wissen, wozu ich Näheres über den Unfall wissen wolle. Als ich mich bemühte, meiner Neugier einen harmlosen Anstrich zu geben, wurde mir versichert, auf „amtliche Nachfrage" (d. h. auf Verlagsanfrage) werde ich die Auskünfte mit der Post erhalten. Darauf warte ich trotz wiederholter Erinnerung noch heute.

Ein ungarischer Gewährsmann bestätigte, daß über personelle Konsequenzen dieses Unfalls, etwa Gerichtsverfahren, in der Presse nichts bekannt wurde. Während des

Besuchs bei der MÁV hatte ich aber folgendes erfahren: Auf dem Bahnhof Mende wurde anläßlich der Inbetriebnahme des zweiten Gleises ein neues Stellwerk in Betrieb genommen. Beim Anschluß der Signale muß sich ein Eisenbahner geirrt haben und bei der anschließenden Abnahmeprüfung der Fehler nicht bemerkt worden sein. Deshalb fuhr der Lokomotivführer des Personenzuges „auf Signal" in das linke Gleis.

Er war über die Aufnahme des zweigleisigen Zugbetriebes unterrichtet und hätte – auch auf Signal – nicht fahren dürfen bzw. den Zug anhalten müssen. So versagten zumindest zwei Eisenbahner, nicht aber die Technik.

In einem anderer Fall herrschte in Budapest ebenfalls Geheimnistuerei. Die deutschsprachige „Budapester Rundschau" veröffentlichte folgende Nachricht:[100] „Am 13. April (1978 – der Autor) ereignete sich um 17.10 Uhr in Budapest ein schwerer Verkehrsunfall. Die aus Richtung Csépel, einem der größten Industriebezirke Budapests, kommende Vorortbahn stieß an der Endstation Boraros tér gegen den Bremsbock am Ende der Schienen und drang dann in den überfüllten Wartesaal und das Stationsgebäude ein. Bei dem Unglück fanden 18 Menschen den Tod, 4 wurden lebensgefährlich, 10 schwer und 14 leicht verletzt. Viele der Verletzten befinden sich unter ständiger ärztlicher Kontrolle, einige wurden bereits aus dem Krankenhaus entlassen.

Die Polizei verhaftete im Interesse der Untersuchung zwei Fahrer der Vorortbahn und einen Elektriker. Zwecks Klärung der Umstände, die zu dem Unglück führten, und Feststellung der Verantwortlichen stellt die Polizei weitere Nachforschungen an." Dabei blieb es, zumindest in der Presse, denn es wurde nichts Schlüssiges über die Ursache dieser Katastrophe oder die Schuldigen bekannt. ADN meldete wenigstens am 16. Mai 1978: „Erste Untersuchung des Eisenbahnunglücks in Budapest abgeschlossen: Ein technischer Fehler in der elektrischen Anlage des Zuges und menschliches Versagen des Zugpersonals sind die Ursachen für das schwere Zugunglück (...) Die Untersuchungen werden fortgesetzt." Da haben wir das technische Versagen! Und das menschliche dazu. Was aber ist kausal für den Unfall? Zuerst ein Triebwagenführer der BHÉV, der wegen des Triebwagenführermangels, unter dem diese Bahn litt, keine ordentliche Prüfung abgelegt hatte. Als es mit dem Bremsen Schwierigkeiten gab, konnte er die Störung weder eingrenzen noch wußte er, wie er sich sicherheitsgemäß verhalten sollte. In Csepel, dem Endpunkt der Linie, war der Schichtschluß bei der BHÉV herangekommen und deshalb kein Bremsschlosser, nur ein Elektriker anwesend. Der besichtigte den Zug und teilte dem Triebwagenführer mit, die Bremse sei in Ordnung.

Als der Zug nach Budapest zurückfuhr, verspätete er sich. An der Haltestelle Csépel Werke drängten die darob erzürnten Arbeiter in die Wagen, was den Triebwagenführer nun erst recht davon abgehalten haben mag, den Zug abzustellen und Hilfe anzufordern.

Vor jedem Anfahren fehlte es an Druckluft zum Türenschließen, weil der Kompressor

100 Nummer 17/1978, Seite 2

Unfallstelle Budapest
Boráros tér
Fotos: Linzbauer

nicht richtig arbeitete. Unterwegs betraten zwei BHÈV-Eisenbahner den Führerstand, ein Weichenwärter und ein Triebwagenführer. Letzterer ermunterte den Triebwagenführer, ungeachtet der Störung weiterzufahren und sagte, er werde im Relaisschrank den Fehler suchen.

An der Haltestelle Freihafen konnte er den Zug noch anhalten, obwohl der Druckluftmesser bereits Luftmangel anzeigte. Von hier an fällt beiderseits die Strecke nach Csépel und nach Budapest ab. Auf keinen Fall durfte der Zug mit dieser Störung weiterfahren. Der Triebwagenführer half sich, indem er, wie zuvor, die elektrische Bremse mitbenutzte.

Um das Überbremsen zu vermeiden, besaß das Bremssystem der Fahreuge MIX eine Sicherheitseinrichtung, die die elektrische Bremse ausschaltet, wenn die Druckluftbremse benutzt wird. Herrscht in der Bremsleitung wieder ein bestimmter Druck, schaltet das Relais auf die elektrische Bremse zurück. Unter den gegebenen Umständen blieb von nun an die elektrische Bremse wirkungslos.

Das Hantieren des zugestiegenen Triebwagenführers am Relaisschrank führte obendrein dazu, daß sich der Hauptluftbehälter völlig entleerte. Schließlich wurde das Typhon funktionslos, und der Stromabnehmer senkte sich von der Fahrleitung auf das Fahrzeugdach.

So erreichte der Zug das Stumpfgleis im Bahnhof Boraros tér mit einer Geschwindigkeit von 60 km/h. Dort, am Gleis 1, wartete bereits eine Menschenmenge, die mit diesem Zug nach Csépel zurückfahren wollte. Doch der Fahrdienstleiter hielt wegen der Verspätung dieses Zuges das Gleis für einen anderen Zug frei und gab die Einfahrt nach Gleis 2 frei. Dorthin hasteten die Reisenden über den Verbindungsbahnsteig hinter dem Prellbock. Gerade in diesem Augenblick rammte der Zug den Gleisabschluß und fuhr durch die Menschen in den Dienstraum des Empfangsgebäudes.

Auf die anfangs zitierte Zeitungsnachricht bat ich die Direktion der BHÉV um nähere Angaben. Ich erhielt wenigstens einen Brief, aber in ihm wurde mir mitgeteilt, daß die

Beim Rangieren des Güterzugs 1554 auf der Böhmischen Nordbahn m 14. Juli 1924 in Niedergrund rollten 17 ungesichert abgestellte Wagen in Richtung Varnsdorf. Dort leitete man die mit ca. 100 km/h herankommende Wagengruppe in Richtung Heizhaus, das sie durchbrach. Sie stürzte danach über eine Böschung. Ein Bremser fand den Tod, er hatte nicht mehr abspringen können.
Foto: Sammlung Preuß

BHÉV dazu nicht antworten möchte. So blieb wieder nur die Information eines Gewährsmannes.

Zwar war hier ein technischer Fehler Auslöser der Katastrophe, letztlich dürften die mangelnde Qualifikation des Triebwagenführers und dessen Verantwortungslosigkeit während der Fahrt Ursache dieser Katastrophe gewesen sein.

Hin und wieder wird die menschliche Fehlleistung als Unfallursache in Frage gestellt und stattdessen mit dem Versagen der Technik operiert. „Ein falsch gestelltes Signal" habe dieses oder jenes Unglück herbeigeführt, lesen wir in der Zeitung. War die Technik nicht in der Lage, dieses Signal richtig zu stellen oder auf „Halt" zu lassen?

Während der Hauptverkehrszeit Londons, kurz nach 8 Uhr am 12. Dezember 1988, ereignete sich das, was nach menschlichem Ermessen und dank technischer Vorsorge eigentlich nicht geschehen durfte: Wenige 100 m vor dem Bahnhof Clapham Junction stieß der Schnellzug Poole–London Waterloo mit dem vor einem Signal haltenden Vorortzug aus Basingstoke zusammen. Dessen Lokomotivführer war an den Signalfernsprecher gegangen (Funk fehlte auf dem Führerstand!), um den Fahrdienstleiter über den Ausfall des Signals zu unterrichten. Das Signalbild wechselte ständig von „rot" auf „gelb", von „gelb" auf „grün". Während er am Fernsprecher stand, sah er das grausige Szenario: Ein Schnell-

Unfallstelle London Clapham Junction …
Foto: epa

… und wie es der Zeichner des „Daily Telegraph" sah. Der mittlere Zug war mit dem oberen, vor einem Signal haltenden, zusammengestoßen, darunter der Leerzug
Entnommen: „La vie du rail", Nummer 2174

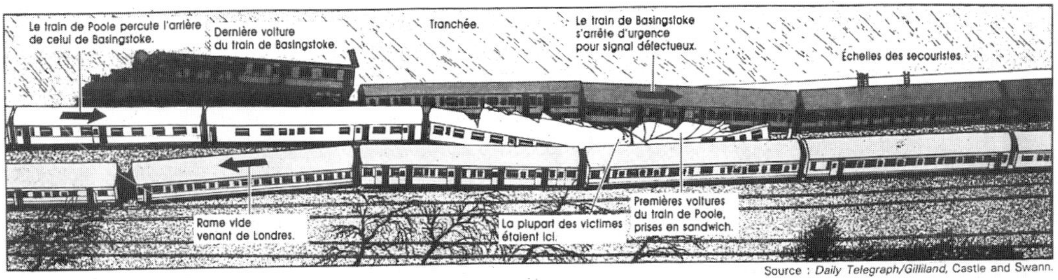

Source : *Daily Telegraph/Gilliland*, Castle and Swann.

zug fuhr auf seinen Zug, worauf der letzte Wagen in die Luft geschleudert wurde und auf die vorderen Wagen des zweiten Zuges stürzte. Wenige Augenblicke danach fuhr ein Leerzug in das Chaos. Der Lokomotivführer besaß Geistesgegenwart und rannte einem vierten Zug entgegen, den er anhalten ließ. Mit 35 Toten und 132 Verletzten, so rechnete jemand aus, sei es der fünftschwerste Unfall in der britischen Eisenbahngeschichte gewesen.[101]

Ein Fachmann von British Rail zeigte sich erschüttert und sagte: „Theoretisch kann es bei unseren modernen Sicherungsanlagen gar nicht passieren, daß ein Zug auf einen stehen-

101 Unmittelbar nach dem Unfall schrieben die Zeitungen von mehr als 100 Toten, siehe „Stuttgarter Zeitung" vom 13. Dezember 1988. Weitere schwere Unfälle: 1952 Harrow = Zusammenstoß dreier Züge, 112 Tote, 349 Verletzte, 1975 bei Nuneaton Entgleisung eines Expreßzuges, 57 Tote, am schlimmsten 1915 Quintinshill Zusammenstoß vierer Züge, 227 Tote, 246 Schwerverletzte.

den auffährt. Als Ursache kommt deshalb **wahrscheinlich nur menschliches Versagen** – oder der Ausfall im elektronischen Sicherungssystem in Frage." Daß Konstruktions- oder Ausrüstungsfehler zum Unfall geführt hätten, hielt der Fachmann für unwahrscheinlich. Einen Verdacht hegte Murray Hughes, Mitarbeiter der Zeitschrift „Railway Gazette", der darauf hinwies, daß in den Tagen vor der Katastrophe die Signalanlagen an der Südseite des Endbahnhofs London-Waterloo umfangreich verändert worden waren.

Clapham Junction ist ein Bahnhof, auf dem die Strecken von Wimbledon, Streatham sowie Richmond zusammenlaufen und sich nach Kensington Olympia, London Victoria, London Waterloo und auf eine Art südlichen Außenrings verzweigen. Clapham Junction ist der meistbefahrene Bahnhof Großbritanniens (täglich 2 200 Züge) und vermutlich Europas. Das Signalsystem wurde zum Jahresende 1988 für 32 Millionen Pfund modernisiert.

Die Untersuchungskommission gab British Rail die „kollektive Verantwortung" für das Unglück. Gravierende Mißstände hätten zur Katastrophe geführt. Insbesondere herrschten, so hieß es im Bericht, bei der nationalen Eisenbahngesellschaft inakzeptable und gefährliche Arbeitsbedingungen. British Rail wurde aufgefordert, die Sicherheitskriterien künftig über kommerzielle Erwägungen zu stellen.

Ursache des Unglücks war eine falsch verkabelte Signalanlage. Ein Kabel, das eigentlich hatte entfernt werden sollen, hatte den besetzten Streckenabschnitt an das rückgelegene Signal als frei „gemeldet", so daß der Schnellzug freie Fahrt erhielt. Versagte aber die Technik, oder versagte ein Signaltechniker? Er, der das Kabel nicht entfernt und die falsche Schaltung zu verantworten hatte, erhielt in den 13 Wochen der Signalumstellungen nur einen freien Tag und war nicht entsprechend ausgebildet.

Gleisplan Bahnhof Velpe
Zeichnung: Preuß

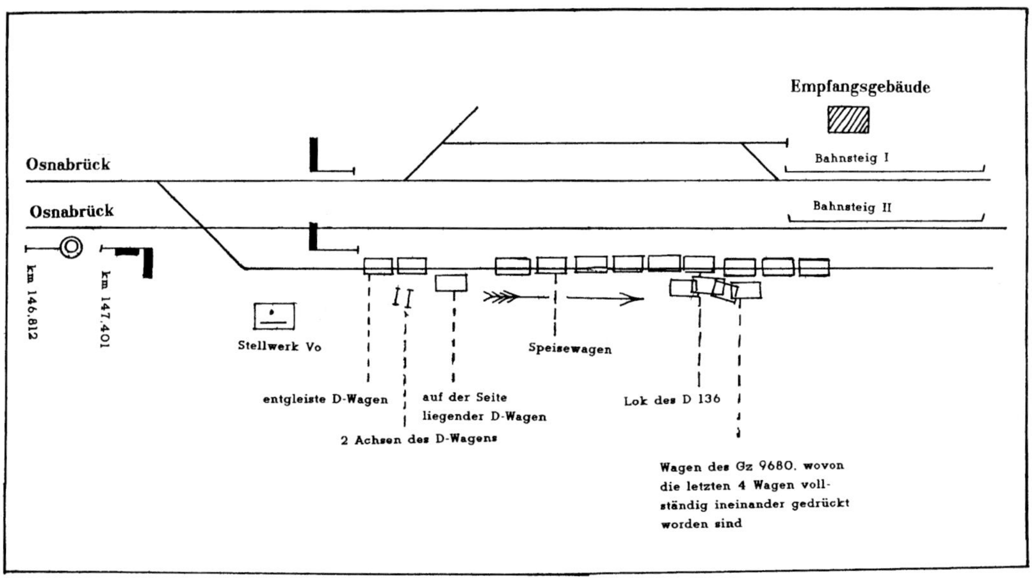

Daß die Technik doch „versagen" konnte und ein Eisenbahner schuldig sein sollte, war eine Erfahrung, die W. auf dem Bahnhof Velpe (Strecke Rheine–Osnabrück) machte.

Am 13. Mai 1913, um 13.57 Uhr, stieß auf Gleis 3 D 136 mit dem Güterzug 9680 zusammen, der hier vom Schnellzug überholt werden sollte. Kurz vor dem Zusammenstoß hatten sich in der Weiche 2 die letzten drei Wagen des D 136 abgerissen, der vorletzte stürzte um, die beiden anderen entleisten.

Als der Güterzug nach der Einfahrt in Gleis 3 angehalten hatte und vom Fahrdienstleiter zurückgeblockt worden war, beauftragte er mit Hilfe des Bahnhofsblocks den Wärter auf Stellwerk „Vo", für D 136 das Signal A auf Fahrt zu stellen, und zwar nach Gleis 2. Daß der Zug nicht über dieses Gleis, sondern auf das vom Güterzug besetzte fuhr, wurde dem Aushilfsweichenwärter W. vorgeworfen.

Der erste Gedanke konnte sein, W. vergaß nach Einfahrt des Güterzuges, die Weiche 2 in die zum Gleis 2 weisende Stellung gebracht zu haben. Als er vom Fahrdienstleiter den blockelektrischen Auftrag erhielt, den Fahrweg für den Schnellzug nach Gleis 2 herzustellen, hätte er dies nachholen können und dann noch mit Augenschein die Stellung der Weichen und Flankenschutzeinrichtungen zu prüfen gehabt.

Selbst wenn er das versäumte, durfte sich der Signalhebel nicht in die Stellung „Signal 8" – „Fahrt frei" – umlegen lassen. Das mußte der Riegel in der Weiche 2a verhindern. Dieser Riegel hatte die Weichenzungen in der Plusstellung festzuhalten, und nur dann durfte sich das Signal auf Fahrt für die Fahrstraße nach Gleis 2 stellen lassen. So primitiv waren die Sicherungsanlagen seinerzeit nicht, daß man das Signal unabhängig von den Weichenstellungen hätte bedienen können (siehe Lebus, 4. Abschnitt). Möchte man meinen.

Deshalb blieb nur die andere Möglichkeit, wenn es zum Zusammenstoß gekommen war: Die Einfahrt war nach dem besetzten Gleis freigegeben worden. Dagegen sprachen jedoch:

1. Der Lokomotivführer bestätigte, nur ein Flügel des Signals, der obere, hatte schräg nach oben gezeigt, was bedeutete: „Fahrt frei für das durchgehende Gleis" (Signal 8a des Signalbuchs der Preußischen Staatsbahnen). Hätte das Signal die Stellung 8b („Fahrt frei für ein abzweigendes Gleis") gezeigt, wäre der Lokomotivführer mit verminderter Geschwindigkeit in den Bahnhof gefahren, hätte bestimmt den haltenden Güterzug bemerkt und den Zusammenstoß verhindert oder in seinen Folgen gemindert. Aber dieses Signalbild erschien nicht.

2. Für eine derartige Fehlhandlung hätte es der Mitwirkung des Fahrdienstleiters bedurft. Das Stationsblockfeld A^1 (Fahrt auf einflügliges Signal A) freizugeben und den Signalhebel in der Richtung A^2 zu bedienen – das ließen die Sicherungsanlagen nicht zu. Die Untersuchungskommission fand die Blockeinrichtung in einem Zustand vor, der jeden Zweifel ausschloß. Eine weitere Variante wurde geprüft, die gleichfalls Ursache von Zusammenstößen im Bahnhof sein konnte: wenn zwei Beschäftigte fehlerhaft arbeiten – der Fahrdienstleiter stellte den falschen Fahrweg ein, beauftragte den Wärter ebenso irrig

und falsch, den Fahrweg nach dem besetzten Gleis einzustellen, und der Wärter ging (aus Unterordnung gegenüber dem Fahrdienstleiter oder aus Vergeßlichkeit) auf diesen falschen Auftrag ein. Doch beide „schworen", es sei so nicht gewesen.

Der Vorstand des Betriebsamtes Osnabrück I ging auf Stellwerk „Vo" der Sache auf den Grund. Tatsächlich, er brauchte nur kräftig zuzupacken, und der Riegelhebel für die Weiche 2 ließ sich in die Plusstellung umlegen, obwohl die Weiche die Minusstellung einnahm, also nach Gleis 3 wies.

Mehrere Umstände ließen diesen Mißstand zu: Auf Bahnhof Velpe besorgten sogenannte Schneckenriegel der Firma Zimmermann und Buchloh die Verriegelung der Weichen. Dieser Riegel wirkte nur dann richtig, wenn die Drahtzugleitung genau einreguliert war. Am Unfalltag lag der Querbalken, der die Weichenzunge festhalten sollte, in der schrägen Stellung. Das rechte Ende reichte in den oberen toten Gang der Schneckenrolle I. Dorthin hätte er nicht reichen dürfen, solange ein Ende des Querbalkens in der Schneckenrolle II lag. Zug- und Nachlaßdraht mußten den Querbalken von einer Rille in die andere bewegen. Als Spielraum waren allenfalls 2,5 mm zugelassen. Tatsächlich betrug die Toleranz 6 mm!

Daß der Schneckenriegel ungenügend wirkte, lag außerdem am Standort des Spannwerks der Drahtzugleitung. Die gesamte Ausgleichslänge vom Riegel bis zum Vorsignal mußte sich auf den Riegel übertragen. Vom Vorsignal bis zum Standort des Einfahrsignals betrugen die Distanzen 600 m, ungefähr 150 m vom Hauptsignal bis zum Riegel, zusammengenommen rund 800 m. Bei Mittagshitze dehnte sich die Drahtzugleitung auf jeden Meter um 0,6 mm aus. Bei 800 m Länge sind das 480 mm. Der Schnakenriegel im Spannwerk konnte bis zu 250 mm ausgleichen. Die Drahtzuglänge vom Vorsignal bis zum Spannwerk durfte höchstens 400 m lang sein.

Deshalb erhielten immer mehr Vorsignale ihre besondere, vom Hauptsignal unabhängige Drahtzugleitung, die Abhängigkeit zwischen Haupt- und Vorsignal (erst muß das Hauptsignal auf Fahrt gestellt werden, bevor das Vorsignal bedient werden kann, zurückstellen in umgekehrter Reihenfolge) wurde im Stellwerk hergestellt.

Das war schon deshalb unumgänglich, weil sich mit der Erhöhung der Geschwindigkeiten um die Jahrhundertwende die Bremswege der Züge verlängerten und Abstände zwischen Vor- und Hauptsignal von 700 bis 1 000 m notwendig waren. Der länger gewordene Vorsignaldrahtzug durfte die übrigen Signal- und Sicherungsanlagen nicht beeinflussen.

Ursache dieses Unfalls ein technischer Mangel? Zwar empfahl das Betriebsamt der Direktion Münster und dem Ministerium der öffentlichen Arbeiten, künftig derartige Riegel durch solche der Einheitsform zu ersetzen (im Bezirk waren etwa 300 Schneckenriegel, davon 180 für die Spitzenweichen, in die Drahtzüge der Einfahrsignale eingebunden), aber als für den Unfall schuldig wurde das „kleine Würstchen", der Aushilfsweichensteller W., angesehen. Ihm wurde angelastet, nach der Einfahrt des Güterzugs die Weiche 2 nicht umgestellt zu haben. Daß er bei der für die Einfahrt des Schnellzugs falschen Stellung

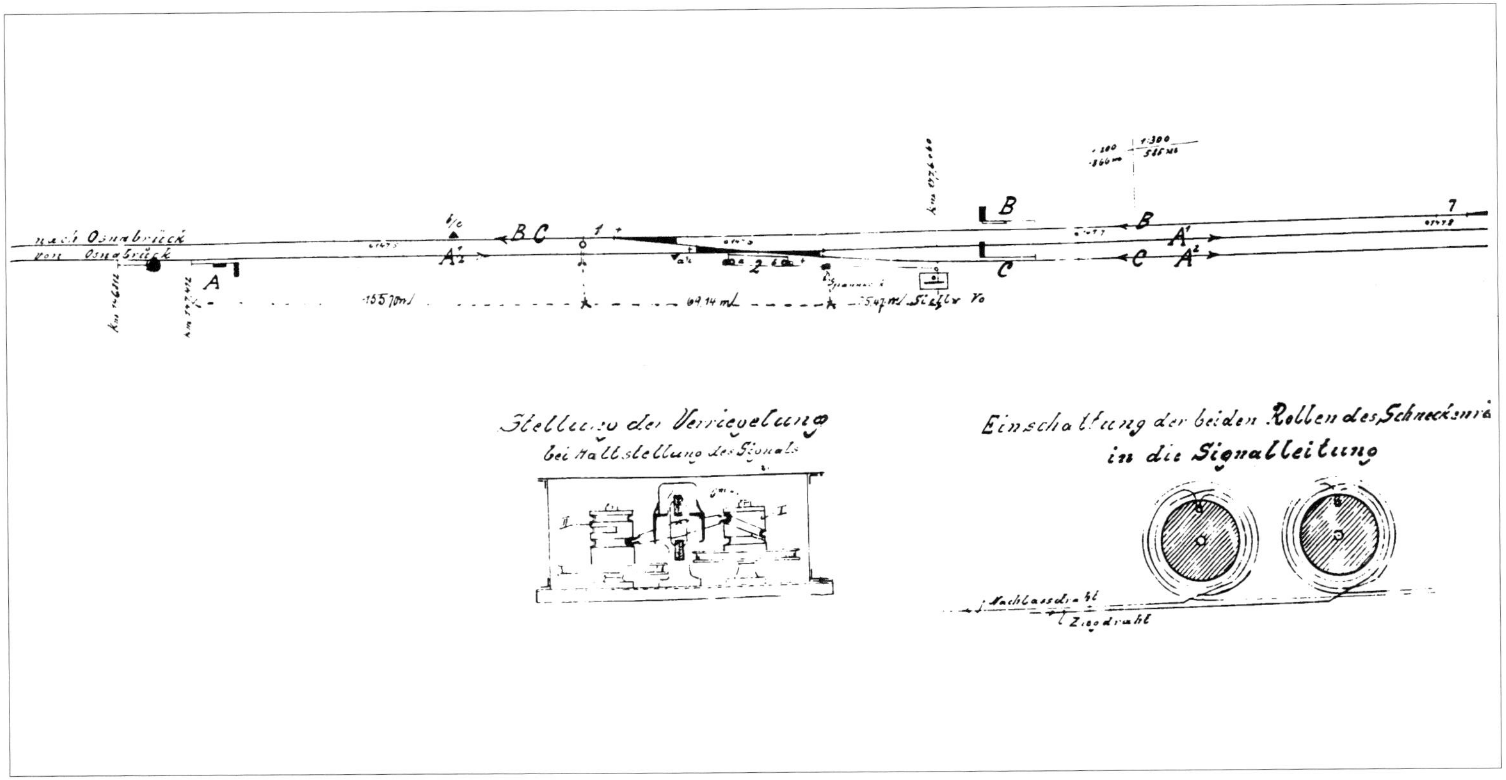

Handzeichnung zur Führung des Signaldrahtzuges
Quelle: Staatsarchiv Merseburg 93 E Nummer 1422

DR

der Weiche den Riegelhebel „gewaltsam" bedienen mußte (und konnte!) – das war nicht der Rede wert.

Warum W. nachlässig war, fand man ebenfalls heraus. Er war in Velpe als Stationsarbeiter angestellt und durfte nur zur Mittagszeit die Weichensteller auf den Stellwerken „Vo" und „Vw" für eine Stunde ablösen, damit diese zu Hause ihr Mittagessen einnehmen konnten. Am 13. Mai 1913 war W. von 6 bis 13 Uhr im Dienst. Bis zur nächsten Schicht am Unfalltag lagen 17 Stunden dazwischen, so daß niemand auf den Gedanken kommen mußte, W. sei – dienstlich – überbürdet gewesen, hätte er die Freizeit genutzt, sich auszuruhen. Stattdessen half er zum Schützenfest beim Gastwirt bis 3 Uhr. Drei Stunden danach trat er den Dienst als Stationsarbeiter an. Von einer eventuellen Trunkenheit wollte der Fahrdienstleiter nichts bemerkt haben. Fatal wäre es für ihn gewesen, hätte er zugegeben, einen betrunkenen Eisenbahner im Dienst belassen zu haben. Das wäre einer Selbstbezichtigung gleichgekommen.

Um 12 Uhr ging W. zum Stellwerk „Vw" und um 13 Uhr auf „Vo". Kurz bevor ihn der planmäßige Weichensteller abgelöst hätte, kam es zum Zusammenstoß. Wie konnte er sich nur auf die Sicherungsanlage verlassen?

Unzureichende technische Einrichtungen auf einer dichtbelegten Strecke, Sorglosigkeit des Fahrdienstleiters, der den Fahrweg nicht prüfte, bevor er dem Ex 150 Meiningen – Berlin die Einfahrt freigab – Ursachen des Zusammenstoßes am 15. Februar 1988 auf dem Bahnhof Eichgestell (Berliner Außenring).
Foto: Preuß

10

Kesselzerknalle: Wo blieb die Erfahrung?

Der neben dem Bahnsteig nach vorn geschleuderte Kessel
Foto: Transportpolizei Halle

Blättert man in alten Eisenbahnbüchern, sieht man Bilder, die sofort das Gefährliche am (Dampf-) Eisenbahnbetrieb deutlich werden lassen: umgestürzte oder entgleiste Lokomotive mit einem wirren Rohrbündel als Ergebnis einer Kesselexplosion. Sie waren allerseits gefürchtet.

Bevor ich auf die Ursachen und Möglichkeiten zu ihrer Verhinderung komme, eine Richtigstellung und der Ablauf einer solchen Katastrophe. Um eine Explosion handelt es sich nicht, denn diese ist ein chemischer Vorgang. „Kesselexplosionen" laufen auf physikalischer Grundlage ab, weshalb es richtig Kesselzerknall heißt. Er ist allerdings nicht weniger schrecklich.

Eine Dampflokomotive ist weder mit einem Kraftwagen zu vergleichen noch mit einem stationären Dampfkessel. Einerseits ist sie ungleich schwerer zu bedienen als das verwikkelste Kraftfahrzeug und sei es eines der dreißiger Jahre. Viel Übung gehört dazu, eine Lokomotive auch nur ein paar Schritte zu führen und sie wieder anzuhalten.

Vergleicht man den stationären mit dem mobilen Dampfkessel, fallen als Ungunst der Lokomotive ins Gewicht: Sie ist ständig wechselnden Belastungen (Stillstand, Anfahrt mit schwerem Zug), wechselnden Außentemperaturen und unterschiedlichen Kohlensorten sowie Wasserarten ausgesetzt. Hinzu kommt, daß die Kesselbauart gemäß den Bedingungen, die der Betriebsdienst stellte, nicht immer ideal sein konnte.

Am wichtigsten für den sicheren Betrieb des Dampflokomotivkessel war wohl, ständig dafür zu sorgen, daß die feuerberührte Fläche des Kessels mit Wasser abgedeckt ist. Das Wasser verhinderte durch die ständige Wärmeabfuhr, daß das Metall glühend wurde und sich die Struktur des Kesselblechs veränderte. War das nicht der Fall, glühte das höchstgelegene Kesselteil, die Feuerbüchsdecke. Man errechnete, daß bei mäßiger Feueranfachung die Temperatur innerhalb von 2 min auf 450 °C stieg. Wurde die Temperatur weiter erhöht, erhitzte sich der Kesselbaustoff auf mehr als 1 200 °C, und dessen Festigkeit ging gegen Null. Die Kühlung durch das Wasser fehlte ja, Risse entstanden, und durch sie strömte der Dampf schlagartig aus, eine Nachverdampfung des überhitzten Dampfes setzte ein, und der Kessel zerriß. Das konnte genausogut eintreten, wenn das überhitzte, glühende Material der Feuerbüchswandungen plötzlich vom Kesselwasser wieder umspült wurde. Der aus Wasser entstehende Wasserdampf vergrößerte sein Volumen um das 1725fache, das heißt, aus 1 m^3 Wasser wurden 1 725 m^3 Dampf bei einer Nachverdampfung im Ablauf des Kesselzerknalls. Die dabei freigesetzte, in Kräfte umgewandelte Energie ist kaum vorstellbar. Man hat das bei einer DR-Lokomotive der Baureihe 52 errechnet: schlagartig 3 527 MJ, das entspricht einer Dampfleistung von 3500 MW in 1 s! Die weitere Folge war, daß der Kessel vom Rahmen abgerissen wurde und durch die Luft flog. 100 m und weiter.

Ursache von Kesselzerknallen konnten überaltertes Material, schlechte Verarbeitung und Konstruktionsfehler, aber auch unterlassene Reparaturen bei Abzehrungen, fehlerhafte Montage der Armaturen, falsche Einstellung der Sicherheitsventile (mitunter wurden sie sogar unwirksam gemacht!) sein. Gerade die ersten Jahrzehnte der Dampfeisenbahn

waren so zahlreich von Kesselzerknallen geprägt, daß man die Ursachen nur der fehlenden Erfahrung einschließlich Leichtsinn im Umgang mit mobilen Dampfkesselanlagen zuschreiben kann.
In Herlisheim (Strecke Mühlhausen–Colmar–Straßburg, Reichseisenbahnen Elsaß-Lothringen) zerknallte am 14. Mai 1909 um 22.30 Uhr der Kessel der Lokomotive vor Güterzug 6040, als er mit seinen 57 Wagen etwa 1 200 m vom Empfangsgebäude entfernt war. Der Kessel riß sich vom Rahmen, flog etwa 100 m nach vorn und blieb rechts auf der Böschung des Bahnkörpers liegen.

Infolge der selbsttätigen, plötzlichen Bremsung des Untergestells der Lokomotive schoben sich die Wagen nach vorn, etwa neun entgleisten, sperrten dabei den lichten Raum des Nachbargleises. Auf ihm kam D 161 Basel–Köln (–Holland) entgegen. Zum Zeitpunkt des Zerknalls war er 400 m von der Güterzuglokomotive entfernt. Lokomotive und fünf Wagen entgleisten, stürzten die Böschung hinunter. Der über den Bahnkörper verstreute Inhalt der Feuerbüchse setzte obendrein die Trümmer der entgleisten Güterwagen sowie die aus Kohlen und Papier bestehende Ladung in Brand, wodurch 19 Güterwagen vernichtet wurden. Auch das Feuer der umgestürzten Schnellzuglokomotive griff auf die Personenwagen über, ein starker Nordwind führte dazu, daß sämtliche Wagen vernichtet wurden. Sechs Menschen wurden getötet: ein Reisender im Schlafwagen, ein Oberpostschaffner im Postwagen, der Lokomotivführer und der Heizer des Schnellzugs sowie der des Güterzugs. Am folgenden Tag starb auch der Lokomotivführer des Güterzugs. Vier Personen meldeten sich als verletzt.

Aus der Beschaffenheit der Feuerbüchse schloß man „auf viel zu niedrigen Wasserstand im Kessel, also auf unzureichende Speisung dieses mit Wasser".

Dem Heizer standen, um die Höhe des Wasserstands zu erkennen, der sichtbare Wasserstandsanzeiger (das Wasserstandsglas) und zwei Probierhähne zur Verfügung. Der untere Wasserstandshahn war durch Reste vom Dichtgummi verstopft. Die Fachleute meinten, dadurch sei das Lokomotivpersonal am sichtbaren Wasserstandsanzeiger durch einen scheinbaren Wasserstand getäuscht worden. „Dies ist allerdings auffällig, weil schon die sehr lange Pause, die seit der letzten Speisung des Kessels bis zu seiner Explosion verflossen sein muß, die beiden erfahrenen Beamten hätte mißtrauisch machen müssen", schrieb Minister von Breitenbach am 17. Mai 1909 an Seine Majestät den Kaiser und König. Weitere Erkenntnisse zu diesem folgenschweren Vorfall gab es nicht.

Nicht immer gingen menschliche Fehlleistungen voraus, wenn ein Dampflokkessel zerknallte. Hinsichtlich der Konstruktion und der Bauweise sowie des geeigneten Materials mußte man anfangs einiges Lehrgeld zahlen. Jahn[102] berichtete von zwei schweren Unfällen:

102 J. Jahn: Die Dampflokomotive, Berlin 1924, Seite 213

103 Nummer 157 vom 6. Juni 1846

Am 30. November 1863 zerknallte der Kessel der Lokomotive SULZA, als sie sich in Leipzig vor den Zug setzte. Gleich im ersten Jahr der Leipzig-Dresdner Eisenbahn hatten Publikum und Eisenbahner auf dem Dresdner Bahnhof das „Erlebnis" eines Kesselzerknalls bei der WINDSBRAUT. Die „Leipziger Illustrirte" widmete dem Ereignis vom 21. Mai 1846 einen Bericht[103] nebst Illustration, nennt keineswegs das Wort Explosion, sondern schrieb, der Kessel „sprang", und machte sich qualifizierte Gedanken über die Ursache, ohne diese bereits nennen zu können.

Am 16. Dezember 1866 verließ die MINDEN als Vorspannlokomotive vor einem Güterzug Potsdam in Richtung Berlin, als ihr Kessel völlig zerstört wurde. Der Lokomotivführer kam ums Leben. Ursache soll in beiden Fällen die Zusammensetzung des Langkessels aus einzelnen Kesselblechen gewesen sein, die mit ihrer Walzrichtung in Richtung der Kesselachse lagen statt quer dazu. Nach dem Zerknall fand man bei der MINDEN eine tief eingefressene Rille, die dicht unterhalb des rechten segmentförmigen Versteifungswinkels und über der dort liegenden Überlappungsnaht entstanden war. Der Kessel hatte seine Form verändert und war gerade dort geschwächt worden, wo die Widerstandsfähigkeit des Schweißeisens ohnehin am geringsten und die Beanspruchung durch den Dampfdruck am größten war. Mitte der fünfziger Jahre zerknallte der Kessel der 03 1046 vor dem Schnellzug „Balt-Orient-Expreß" während der Durchfahrt in Wünsdorf (Strecke Berlin–Dresden).

Tabelle 3 Kesselexplosionen bzw. -zerknalle in Österreich[1]

Tag	Achsfolge	Lokomotive und Ort
1843	1A1	DORNAU der Wien-Raaber Bahn, Ort unbekannt
21. 9. 1847	2A	SCHÖNBRUNN der Wien-Gloggnitzer Bahn, Wien Südbf
27. 7. 1848	2A	JASON der KFNB, bei Hullein
31. 8. 1849	2B	MÜRZ der südlichen St. B., bei Windisch-Feistritz
26. 6. 1851	2B	DONAU der KFNB in Mährisch-Neudorf
9. 4. 1861	C2et	JAVORNIK der südlichen St. B., Laibach
11. 6. 1869	1B	LINZ der KEB, Wien-Penzing
23. 3. 1871	1B	GLAUKOS der KFNB, Oderberg
17. 9. 1892	1B	KLEINREIFLING (kkStB 2219) als Vorspann vor Schnellzug Rom–Wien, bei Kalwang
21. 3. 1895	C	5668 der kkStB, Prinzersdorf
2. 2. 1902	C	PÖLFING, Deutschlandsberg

1 Quelle: „Eisenbahn", Wien 3/1978, Seite 44

Ursache war der nicht alterungsbeständige Baustoff St 47 K, worauf die DR die Lokomotivbaureihen 03^{10}, 41 und 50 schnellstens mit neuen Kesseln ausrüstete.

Bis 1890 kam in Österreich auf 640 Lokomotiven ein Kesselzerknall, je einer aber in Frankreich auf 330, in England auf 128, in den USA sogar auf 74 Lokomotiven.[104] In 140 Jahren des Dampflokomotivbetriebs in Österreich wurden rund 20 000 Dampflokomotiven gebaut und betrieben. Auf je 1 800 Lokomotiven kam ein Zerknall, also in 140 Jahren bei elf Lokomotiven (Tabelle 3). Vergleicht man das Verhältnis 1890 = 640:1 und bis 1978 = 1800:1, wird ersichtlich, welche Fortschritte Lokomotivkesselbau, -überwachung und -bedienung machten. Umsomehr erstaunten die Zerknalle in der letzten Zeit des Dampflokomotivbetriebes.

Weil die Beteiligten um die Gefährlichkeit von unter Druck stehenden Kesseln wußten und die Regeln der Technik achteten, kam es in den letzten Jahren der 140jährigen Dampflokgeschichte kaum zu Kesselzerknallen. Der von Bitterfeld am 27. November 1977 erregte deswegen besonderes Aufsehen, nicht nur wegen der Folgen.

Lokomotivführer Sch. und Lokomotivheizer F. vom Bahnbetriebswerk Leipzig Hbf West beförderten an diesem Tag den D 562 Plauen–Berlin mit der Lokomotive 03 2121, ab Leipzig 8.55 Uhr. Während der Fahrt hatte das Personal Schwierigkeiten mit der Wasserspeisung. Wegen eines schadhaften Ventils speiste es vermutlich den Kessel nur mit der Dampfstrahlpumpe und sicherlich unsachgemäß, so daß im Kessel der Dampfdruck stark abfiel, was wiederum die Funktionsstörung der Dampfstrahlpumpe zur Folge hatte. Mit nur einer Speiseeinrichtung durfte man bis zum planmäßigen Wende-Bahnbetriebswerk fahren.[105] Der Druckabfall (Dampfmangel) verspätete den Zug. Durch zu niedrigen Wasserstand wurde der Kessel beschädigt, die Feuerbüchsdecke ausgeglüht.

In Berlin-Schöneweide angekommen, meldete der Lokomotivführer die Lokomotive schadhaft und verlangte für die Rückfahrt eine Ersatzlokomotive. Das Personal fuhr den Leerzug nach Berlin-Lichtenberg, entfernte das Feuer vom Rost und brachte die Lokomotive mit Hilfe einer Diesellokomotive in den Schuppen. Dann hatte es zu Mittag gegessen und als Ersatz die Schnellzuglokomotive 01 1516 übernommen, mit der es den Leerzug von Berlin-Lichtenberg nach Berlin-Schöneweide fuhr, der in den D 567 Berlin–Reichenbach (Vogtl) überging und um 14.13 Uhr mit 17 min Verspätung abfuhr.

Vermutlich hatte das Personal die neue Lokomotive nicht oder nur oberflächlich überprüft oder war der Meinung, sie sei „voll aufgerüstet"[106], obwohl der Tender nur zur Hälfte gefüllt war. Diese geringen Wasservorräte hatten beide wohl übersehen.

Während der Fahrt wird dem Personal aufgefallen sein, daß der Mindestwasserstand

104 „Lokomotivkesselexplosionen" in „Eisenbahn", Wien 3/1978, Seite 43

105 § 6 Abs. 7 der DV 938 der DR

106 Eisenbahnerjargon für: mit Kohlen und Wasser versorgt

107 Vorlage der Hauptverwaltung der Maschinenwirtschaft (M-Tu/M-Td) vom 29. Dezember 1977 für die Kollegiumssitzung des Ministeriums für Verkehrswesen am 9. Januar 1978, Seite 3

Die spätere Unfall-Lokomotive 01 1516 in Dresden-Neustadt (1972)
Foto: Mehnert

im Kessel unterschritten war und daß (von 327 °C an) der Schmelzpropfen auslief. Es hätte in diesem Fall unverzüglich das Feuer vom Rost entfernen müssen. Man kann auch wieder nur vermuten, was während der Fahrt von Berlin bis Bitterfeld auf dem Führerstand der Lokomotive vorging. Den Zug anzuhalten, die Lokomotive „kalt zu machen", war eine entsetzliche Blamage für den Lokomotivführer und auch seinen Heizer. Beide hatten dafür Sanktionen zu erwarten, vermutlich wären sie vom Schnellzugdienst zurückgezogen worden. Den Hohn unter den Kollegen kann man sich ebenfalls vorstellen. Wenigstens Wasserfassen wollten sie. Während des planmäßigen Aufenthalts in Lutherstadt Wittenberg kündigten sie an, das beim nächsten Planhalt in Bitterfeld zu tun.

Doch dort war es zu spät. „Infolge des Bremsvorgangs im Bahnhof Bitterfeld überspülte das noch im Kessel vorhandene Wasser durch seine Eigenbewegung die stark überhitzte Feuerbüchsdecke. Die dadurch eingetretene überhöhte Dampfentwicklung bewirkte eine starke Druckerhöhung und in Verbindung mit der durch Wärmeeinwirkung geminderten Materialfestigkeit das Aufreißen der Feuerbüchse.

Der daraufhin folgende, ebenfalls plötzliche Druckabfall führte durch die Flüssigkeitswärmedifferenz bei Kesseldruck zum Außendruck zur Entwicklung enormer Dampfmengen, die schlagartig frei wurden und den Kesselzerknall zur Folge hatte."[107] Nach dem

Bericht wurde während des Anhaltens der Kessel vom Fahrgestell abgerissen und etwa 80 m in Fahrtrichtung geschleudert. Als der Zug zum Halten gekommen war, lag der Kessel immer noch 35 m von der Zugspitze entfernt. Durch den Kesselzerknall und weitere weggeschleuderte Bauteile der Lokomotive wurden drei der auf dem Bahnsteig stehenden Reisenden sowie das Lokomotivpersonal getötet, 59 Personen wurden verletzt. Normalerweise hielten sich um diese Zeit (16.08 Uhr) reichlich 200 Personen auf dem Bahnsteig auf. Der Zerknall beschädigte auch die Gleisanlagen, 300 m Fahrleitung wurden über den Gleisen 2 und 3 herabgerissen, die Bahnsteigüberdachung beschädigt.

Die Untersuchung ergab, daß weder am Kessel noch an der Instandhaltung noch an der technischen Überwachung etwas zu bemängeln war. Ursache war, daß der Kessel mit einem unzulässig geringen Wasserstand betrieben und dadurch die Feuerbüchsdecke nicht mehr durch Wasser gekühlt wurde. Darauf deuteten die ausgeschmolzenen Schmelzpropfen in der Feuerbüchsdecke und deren Verfärbung mit deutlichen Zeichen von Ausglühungen. Der Tender war vollkommen leer, das Lokomotivpersonal hatte den Kessel nicht mehr speisen können.

Beide Eisenbahner waren in ihrem Beruf erfahren: Sch., der Lokomotivführer, 38 Jahre alt, Lokomotivführer seit 1970, zuerst für Diesellokomotiven, seit 1974 für Dampflokomotiven, F., der Heizer, 63 Jahre alt, seit 1939 als Lokomotivheizer tätig. Fragwürdig blieb ihr Verhalten.

Die Hauptverwaltung Maschinenwirtschaft der DR mußte besorgt sein, ob das Personal sich angesichts des Traktionswechsels und des abzusehenden Endes des Dampfloktraktion nicht leichtfertig gegenüber den Dampfmaschinen verhielt. Eine Untersuchungs- und Überprüfungswelle setzte ein, H., der Präsident der Rbd Cottbus, bezog „in Abstimmung mit dem Leiter der Politabteilung (...) die BPO-Sekretäre[108] in die Durchsetzung der Weisung mit ein". Im Rbd-Bezirk Schwerin zeigte sich, daß die Prüfung der Wasserstandseinrichtungen nicht in jedem Falle bei der Übernahme der Lokomotiven oder im Verlaufe der jeweiligen Dienstschicht vorgenommen wurde.

Deshalb wies der Minister für Verkehrswesen am 30. November 1977 die Präsidenten der Reichsbahndirektionen an, „gegen die Erscheinungen der Unterschätzung oder Vernachlässigung des Dampflokomotiveinsatzes und seiner Voraussetzungen im Zusammenhang mit der Traktionsumstellung (sind) wirksame ideologische, erzieherische und leitungsorganisatorische Maßnahmen einzuleiten. Der Dampflokbetrieb ist bis zu seinem Abschluß den Vorschriften entsprechend betriebssicher zu gewährleisten."

ADN erhielt eine Presseerklärung von elf Zeilen: „... trat infolge unvorschriftsmäßiger Bedienung Überhitzung von Bauteilen im Feuerraum ein Riß ein, der den Kesselzerknall zur Folge hatte. Gleichzeitig konnte die volle Funktionstüchtigkeit der technischen Bauteile der kohlegefeuerten Dampflokomotive (...) festgestellt werden."

108 Sekretäre der Betriebsparteiorganisationen (also der SED)

109 „Eisenbahn", Wien 1978, Nummer 3, Seite 43 f., Nummer 4, Seite 69

110 Fernschreiben von Rbd Schwerin Nummer 1 vom 9. Januar 1978

Unter den Eisenbahnern war dieser Unfall Diskussionen wert. In der Zeitschrift „Eisenbahn" erschienen dann zwei Beiträge[109], vermutlich von einem Leipziger Eisenbahner eingesandt, die in Details zum offiziellen Untersuchungsbericht Abweichendes mitteilten. Darunter, daß der Kessel „unmittelbar nach dem Halt" zerknallte.

Der große Unterschied war aber der (wie von der Zeitschrift in Erfahrung gebracht werden „konnte"): Im Gegensatz zum Bericht der Untersuchungskommission des Ministeriums für Verkehrswesen und des Staatlichen Amtes für Technische Überwachung wurde behauptet, bei der Untersuchung seien starke Kesselsteinablagerungen festgestellt worden, die wahrscheinlich das Schmelzen der Bleischrauben verhinderten. „Unfallauslösend dürfte jedoch **kein unmittelbares Verschulden des Lokpersonals** gewesen sein, sondern das Fehlen der Distanzhülsen an den Marcotty-Wasserständen, mit denen diese der Normalausführung angepaßt werden, was die Beobachtung des tatsächlichen Wasserstandes außerordentlich erschwerte."

Was war nun die Wahrheit? Einen Funken Wahrscheinlichkeit dafür, daß mit der Wasserstandbeobachtung etwas nicht stimmte, gibt es, denn von der Rbd Schwerin wurde nach diesem Kesselzerknall von anderen Meßabweichungen berichtet: „Außerdem wurden Abweichungen zwischen der Anzeige des Kesseldruckmessers und dem Ansprechen der Kesselsicherheitsventile festgestellt."[110] War das Personal so leichtsinnig, das Wasserfassen bis Bitterfeld aufzuschieben? Warum fuhr es die Lokomotive nicht in Jüterbog oder Lutherstadt Wittenberg unter den Kran?

11

Brückeneinstürze: Kunstfehler oder Versagen?

Eingestürzte Pruthbrücke bei Czernowitz
Foto: Sammlung Preuß

Eisenbahnen ohne Brücken ist wie Autofahren ohne Straße. Sehr bald mußten die ersten Bahnbauer erkennen, daß es nicht anging, die Strecken über Marktplätze oder durch Stadtgassen zu verlegen, die Eisenbahn gehörte in die offene Landschaft. Dort stellten sich Berge und Täler in den Weg, die nur durch Brücken zu überwinden waren. Je geradliniger eine Strecke verlegt wurde, desto kühner wurden die Brückenbauten. Allerdings mußten die Konstrukteure wie die Bahngesellschaften auch Lehrgeld zahlen. Denn woher sollte die Sicherheit kommen, daß die Brücke auch den Belastungen, noch dazu den ständig steigenden, die der Eisenbahnbetrieb mit sich brachte, standhielt? Steinbrücken und -viadukte waren zumindest aus der Römerzeit bekannt, aber die Erfahrungen fehlten, wie sich schnellfahrende Züge in ihrem Verhalten vom langsam fließenden Wasser auf den Aquädukten unterschieden.

Bei der mächtigen Göltzschtalbrücke in Sachsen begann Andreas Schubert vor ihrem Bau mit einem wissenschaftlich-mathematischen Modell, aber hier handelte es sich um eine in Jahrtausenden erprobte Ziegelbrücke.

Für Stahlbrücken herrschte über Jahrzehnte die „Methode von Versuch und Irrtum", für die Sicherheitsfestlegungen waren die Erfahrungen mit ausgeführten Bauwerken wichtig. Robert Stephenson stellte vor dem Bau der berühmten Brittanniabrücke ein Modell her, ein Sechstel der natürlichen Größe, das er bis zum Bruch belastete. Lentze wollte vor Baubeginn der Dirschauer Brücke eine Probeöffnung in natürlicher Größe bauen, erfuhr aber von der Vollendung der Brittaniabrücke und war von seinen Berechnungen überzeugt genug.

Die Konstrukteure stählerner Brücken gingen in der zweiten Hälfte des 19. Jahrhunderts zwei Wege:

Erstens die Trägergestalt in ihren Umrissen und durch klare Anordnung und Verbindung aller Teile den theoretischen Erkenntnissen und bei sparsamer Verwendung des Eisens anzupassen, zweitens das Verhalten fertiger Konstruktionen unter der Lastwirkung, besonders aber die Formänderungen, zu studieren und daraus auf die Richtigkeit der Berechnungen zu schließen.

Gerber und Schwedler waren zwei wichtige Männer, die die Brückenbaukunst von der Erfahrung in die Wissenschaft überführten. Spezialliteratur darüber gibt es genug.

Aufsehenerregende Schadensfälle oder auch Serien von Schäden kleineren Ausmaßes führten dazu, das Sicherheitsniveau heraufzusetzen, die Techniker analysierten die Schäden und verbesserten ihren Wissensstand. Sich mit Brückeneinstürzen tiefschürfend zu beschäftigen, hieße, in die Geschichte der Brückenkonstruktionen einzudringen. Dazu gibt es ebenfalls viel zu lesen.[111]

Gerade im 19. Jahrhundert stoßen wir auf viele Brückeneinstürze oder andere Unfälle unter oder auf Brücken.

111 Nur drei Quellen jüngeren Datums, die eine Viehlzahl fachspezifischer Literatur nennen: Siebke: Entscheiden – Bemessen in „Die Bundesbahn", Darmstadt 1982, Seiten 641 ff., Bernhard: Brücken gestern und heute, Berlin 1986, Matthes/Zirkel: Zur Entwicklung des Sicherheitsniveaus stählerner Eisenbahnbrücken von den Anfängen bis zum heutigen Stand. Wissenschaftliche Zeitschrift der Hochschule für Verkehrswesen „Friedrich List" Dresden 36 (1989), Heft 4. Seiten 654 ff.

In Nordamerika waren es zwischen 1878 und 1887 mehr als 250, davon 57 infolge Entgleisung oder Achsbruchs, 5 bei Schienenauswechslung und 30 „reine" Zusammenbrüche.

1885 stürzte in Australien ein Viadukt zusammen, dessen Fundament von Regenfällen unterspült worden war (12 Tote und 28 Verletzte), am 25. November 1907 brach die Brücke bei Tarazona (Spanien) ein, vier Jahre danach die bei Montreuil nahe Paris. Beide Unfälle kosteten je 20 Menschen das Leben.

An der Strecke Brüssel–Namur brach 1889 ein eiserner Viadukt in dem Moment zusammen, als ein Zug unter ihm fuhr: 16 Tote, 42 Verletzte.

Auch die Unfälle auf Drehbrücken waren häufig, wenn bei geöffneter Brücke das Signal „Halt" zeigte und der Lokomotivführer dies übersah. 1852 fuhr ein Personenzug deswegen beim Long-Islandsund in den Norwalkfluß, 46 Menschen büßten ihr Leben ein.

Am 16. Mai 1900 brach bei Demmin (Strecke Stralsund–Neubrandenburg) die Peenebrücke zusammen, als Personenzug 214 über sie fuhr. Monteure des Eisenwerks Lauchhammer hatten zu viele Nieten gelöst, als sie dabei waren, die Brücke durch Anfügen von Eisenteilen zu verstärken. Keiner der Reisenden nahm Schaden, aber zwei Bahnbeamte und zwei Schlosser wurden verletzt, ein Monteur getötet.

Kein Brückeneinsturz, aber ein Brückenunfall, der glimpflich abging: Am 26. Juli 1913 fuhr Zug 232 abends mit einigen Minuten Verspätung in Oldenburg nach Leer-Neuschanz ab. Der Lokomotivführer bemühte sich, die Verspätung aufzuholen, auf dem Bahnhof Hilkenborg fuhr er bis dicht vor das Ausfahrsignal. Der Zugführer gab das Abfahrtzeichen, obwohl das Signal (wegen der offenen Drehbrücke) „Halt" zeigte. Der Lokomotivführer konnte das Signalbild nicht erkennen und vertraute darauf, der Zugführer werde es beachtet haben, und fuhr ab.

Als er auf die Brücke fuhr, bemerkte er zu seinem Schreck, daß sie parallel zu Flußlauf gedreht war. Sie zu schließen, war – abgesehen von der kurzen zur Verfügung stehenden Zeit – deshalb nicht möglich, weil ein langer Schleppzug den Schließvorgang ohnehin verzögert hatte. Der Lokomotivführer betätigte sofort die Druckluftbremse, der Heizer die Tenderbremse. Knapp vor der Brückenöffnung kam der Zug nahezu zum Stillstand, und der Lokomotivführer glaubte, der Gefahr entronnen zu sein. Das war sein Irrtum, denn der Zug schob nach, und die Lokomotive VENUS wurde mit ihrem vorderen Teil über die letzte Schwelle gekippt. So blieb sie hängen. Sie stützte sich mit dem Federausgleichhebel, der sich zwischen den beiden Kuppelachsen befand, auf die erwähnte Schwelle und wurde von der Tenderhauptkupplung gehalten. Die Kupplung wurde so stark verbogen, daß sie einen Winkel von etwa 120° bildete und um mehr als 10 mm gestreckt wurde, brach aber nicht!

Hätte der Zug ein wenig mehr nachgeschoben, die Lokomotive wäre in den Fluß gestürzt, möglicherweise hätte sie die Wagen mitgerissen. Nun bestand die Gefahr eines Kesselzerknalls (siehe 10. Abschnitt), da das Wasser des unter vollem Druck befindlichen Kessels nach vorn geströmt war und die Feuerbüchse entblößt lag. In dem geneigten Führerstand setzte das Lokomotivpersonal beide Strahlpumpen in Tätigkeit und zog das Feuer heraus. Danach verließ es den gefährlichen Standort, die Reisenden in den Wagen hatten so gut wie nichts von dem Vorfall bemerkt.

Absturz der Lokomotive II 695 während des Baus der Riesaer Elbbrücke
Foto: Sammlung Wagner

Die offene Drehbrücke über die Ems
Foto: Hanomag-Nachrichten 4/1920

Wer sich nicht sonderlich für Brückeneinstürze interessierte, an zwei wird er sich bestimmt erinnern, weil über sie immer wieder berichtet wird: über die am Tay und die von Mönchenstein. Die alte Brücke über den Tay erhielt sogar literarischen Ruhm.[112]

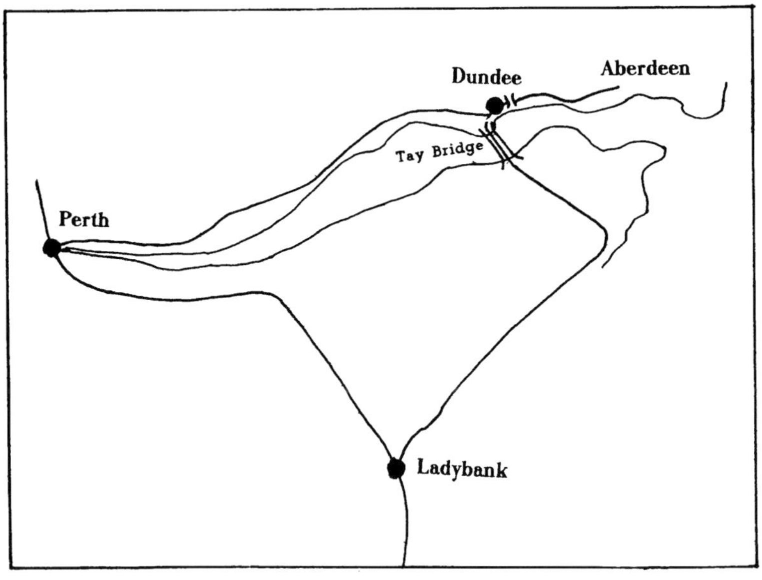

Lage der Strecken am Tay
Zeichnung: Preuß

Am 29. Dezember 1879 schrieb die in Augsburg erscheinende „Allgemeine Zeitung": „Durch einen außerordentlich heftigen Sturm wurde ein Teil der über den Firth of Tay führenden Brücke zerstört, während der Personenzug von Edinburgh nach Dundee gestern abend $7\,^1/_4$ Uhr die Brücke passierte. Der Zug stürzte in den Fluß, man fürchtet, daß sämtliche Passagiere (über 200) ihren Tod in den Wellen gefunden haben. Ein nach der Unglücksstelle abgegangenes Dampfboot ist noch nicht zurückgekehrt." Zwei Tage später berichtigte die Zeitung die Zahl der Getöteten auf 90, während die „Volkszeitung – Organ für jedermann aus dem Volke" noch am 1. Januar 1880 von 300 Reisenden und sechs Beamten schrieb, die durch den Brückeneinsturz verunglückten. Die Zeitungen befanden sich bereits im 19. Jahrhundert im Zwiespalt: schnell und ungenau zu berichten oder genau und spät. Auch schien die Sensation über der Wahrheit zu stehen, da kam es auf ein paar Tote mehr oder weniger nicht an. Wichtig war vor allem (und ist es heute noch): Das Blatt wurde gelesen. Was geschah tatsächlich?

Bereits 1854 hatte Thomas Bouch den kühnen Gedanken, eine Brücke über den Tay zu

112 Von Fontane erschien bereits 13 Tage nach der Katastrophe in der Wochenschrift „Die Gegenwart" das Gedicht „Die Brücke am Tay". Max Eyth verfaßte die Novelle „Berufstragik" (in: „Hinter Pflug und Schraubstock", Stuttgart 1907) mit veränderten Namen und frei im Hergang. Mit dramatischer Zuspitung: A. J. Cronin: „Hatter's Castle" (Der Hutmacher und sein Schloß), Übersetzung Zürich 1941.

113 Eisenbahngeografische und bautechnische Einzelheiten in Lok-Magazin, Stuttgart 1980, Seiten 278 ff.

114 Ausgabe vom 1. Dezember 1878

bauen. Mit Thomas Thornton, dem Stadtsyndikus von Dundee, brachte er 1864 und 1866 zwei Gesetzesvorlagen hierfür ein, erst die dritte erhielt am 15. Juli 1870 die königliche Genehmigung. Dundee war bis dahin auf dem Landwege nur umständlich zu erreichen oder über eine von den Gezeiten abhängige Fährlinie zwischen Tayport und Broughty Ferry.[113] Vor allem, um den Kohlenverkehr auf den Schienen zu behalten, war für die North British Railway die Überbrückung des Firth of Tay wichtig, der Fahrzeitgewinn sollte rund eine Stunde betragen.

Thomas Bouch, der von anderen Bahnbauten renommierte, wurde von der Bahngesellschaft beauftragt, die Brücke zu planen und den Bau zu beaufsichtigen. Die Firma Charles de Bergue & Co erhielt den Zuschlag einer Ausschreibung, und am 22. Juli 1871 wurde am Südufer des Tay der Grundstein gelegt.

Bouchs ursprünglicher Plan sah vor, sämtliche Strompfeiler vollständig in Mauerwerk auszuführen, auf die dann die eisernen Überbauten gelegt werden sollten. Sechs Pfeiler waren demgemäß gebaut worden, dann forderten die Umstände laufend Veränderungen, so daß schließlich vier verschiedene Gründungsmethoden angewandt wurden. Bestand der Baugrund zunächst aus Basalt und rotem Sandstein, so änderte sich das vom 13. Pfeiler an. Sandiger Ton und Kies waren es jetzt, die die riesigen Brückenpfeiler nicht tragen konnten. Deshalb wurden bei fünf Pfeilern 12 m lange Pfähle von der Pfeilerunterkante an in den Grund getrieben, die Fundamente erweitert. Schließlich wurden die Pfeiler nur 1,50 m über der Höhe des Hochwassers gemauert, darauf gußeiserne Säulen gesetzt, die untereinander mit 3,30 m langen Rohren im Durchmesser von 457 mm oder 371 mm verstrebt wurden. Damit die vorgesehenen Pfeilerhöhen erreicht wurden, mußten zwei bis sieben solcher Säulenpakete übereinander montiert und vernietet werden. Obwohl das nach Pfusch roch, zeigte sich die Fachwelt zunächst begeistert. Die Brücke war seinerzeit die längste Eisenbahnbrücke der Welt und galt als „Wunderwerk der Ingenieurkunst", selbst die angesehene Zeitschrift „Glasers Annalen für Gewerbe und Bauwesen" zollte dem Erbauer höchste Anerkennung.[114] Wegen der Lage der Bahnhöfe beiderseits mußte die Brücke vom Pfeiler 53 an in einem Bogen (Radius = 402 m) gebaut werden. Die Schwierigkeiten mit dem Wetter, mit den Gezeiten, mit der Baufirma waren immens, sollen aber hier nicht erörtert werden.

Nach sechsjähriger Bauzeit wurde die 3 214 m lange, eingleisige Brücke am 31. Mai 1878 eröffnet, zuvor waren monatelang Züge versuchsweise über sie gefahren, und immer wieder wurde die Konstruktion berechnet. Während der dreitägigen Abnahmeprüfung fuhr man extrem lange Kieszüge und einen aus sechs Lokomotiven bestehenden Zug auf das Bauwerk, das sich in den großen Überbauten bis zum 52 mm durchbog, doch die Fachleute gaben es frei. Obwohl die Brücke mit ihren 85 Bogen zerbrechlich wirkte, wurden angeblich keine Schwächen gefunden.

Ende Juni 1879 reiste Königin Viktoria zu ihrem Landsitz nach Balmoral und war von der Überfahrt so angetan, daß sie noch im gleichen Monat Thomas Bouch zum Ritter schlug.

Die Überbauten ruhten auf dem Röhrenwerk, getragen von Beton und Mauerwerk, solche Pfeiler waren instabil.
Foto: Lok-Magazin

Das Rettungswerk
Foto: Leipziger Illustrirte Zeitung

Während eines Sturm am 28. Dezember 1879 fuhr der Expreß Burntisland–Dundee durch Wormit, aber am Nordufer traf er nicht ein. Eine Windböe und die zugbedingten Schwingungen hatten genügt, die Brückenmittelteile einstürzen zu lassen. Der Zug mit etwa 75 Reisenden und einem Bahnangestellten verschwand in der Nordsee. Die Zahl der Opfer war und blieb geschätzt, zwar suchten und bargen Boote und Taucher die Lokomotive und drei Wagen, noch am 7. Januar 1880 fanden sie Leichen, ob aber alle Fahrgäste geborgen wurden, wußte niemand.

Thomas Bouch stand mit Mitgliedern der Direktion vor der Brücke und „starrte schweigend auf die Ruinen", wie man las. Drei Monate später, im März 1880, starb er im Alter von 58 Jahren. Er hatte noch den Beginn der Untersuchungen des „Board of Trade" erlebt, die am 31. Dezember 1879 begannen und deren Ergebnis lautete: Der Winddruck sei ungenügend berücksichtigt worden. Thomas Bouch meinte jedoch, der Zug sei entgleist und dadurch die Brücke eingestürzt, wäre sie zweigleisig ausgeführt worden, wäre sie nicht eingestürzt. Das aber hätte über 100 000 Pfund mehr gekostet. Der Vorsitzende der Untersuchungskommission sagte, die Brücke wäre ohnehin eines Tages eingestürzt, andere Fachleute hatten seit jeher dem Gußeisen an Bauwerken mißtraut, die Stöße und Schwingungen auszuhalten hatten. Auch die auf der Shrewsbury & Chester Railway errichtete Dee-Brücke (Strecke Shrewsbury–Bidston) mit gußeisernen Säulen auf Steinpfeilern war 1847 eingestürzt, ohne daß es hierfür einen äußerlich erkennbaren Grund gab. Vom über ihr fahrenden Zug stürzten der Lokomotivtender und die Wagen in den Fluß.[115] Als am 1. Mai 1891 bei Norwood (Strecke London–Brighton) die Brücke einstürzte, begann man in Großbritannien endlich, die gußeisernen Brücken zu überprüfen und sie gegebenenfalls zu verstärken.

Offiziell sprach bei der Tay-Katastrophe niemand von menschlichem Versagen, wenngleich Bouch die Feme der Öffentlichkeit getroffen haben soll. Ein Gerichtsverfahren war nicht anhängig, der Hauptverantwortliche des Brückenbaus war ja gestorben. Schließlich hieß es, es seien keine grundsätzlichen Fehler gemacht worden, vielmehr hätte das Zusammentreffen unglücklicher Umstände zum Einsturz geführt. Was aber an Mängeln aufgelistet war, waren Verstöße gegen die technischen und bereits damals vom Menschen beherrschbaren Regeln. Die eisernen Säulen bestanden aus billigstem Roheisen, die Wandstärken schwankten zwischen $^5/_8$ Zoll und dem Sollmaß von 1 Zoll, die Flansche waren fehlerhaft, verbunden durch konische Löcher. Bouch hatte zugegeben, zu vorsichtig berechnet zu haben. Vielleicht war es nicht gut, daß in ihm die Ämter Bauherr und Direktor der Bahngesellschaft zusammengefallen waren.

Jetzt wußte plötzlich die Fachwelt, was alles hätte besser gemacht werden müssen. Die zu schwachen Stelzen seien „von einer beispiellosen Liederlichkeit" gewesen. Die Sucht nach originellen Formen habe Bouch – im Gegensatz zu anderen britischen Bahnbauern – verleitet, die Fragen der Sicherheit zu unterschätzen. Der preußische Baumeister J. Piossek schrieb am 17. Januar 1880 in der Leipziger „Illustrierten Zeitung", er habe 1873 die Baustelle am Tay besucht und darüber in der „Deutschen Bauzeitung" ausführlich berichtet. Er gelangte zu dem Ergebnis, „daß hier mit der Beanspruchung, die man dem Baumaterial zumuthe, bis an die äußerste Grenze gegangen sei." In der neuen, 1890 in Betrieb genommenen, jetzt zweigleisigen Brücke steckten Teile der alten, aber auch die Erfahrungen mit der Katastrophe. Die steinernen Pfeiler reichten bis zu den Fahrbahnträgern hoch. Warum nicht gleich so? Die neue Lösung war doppelt so teuer wie die alte. Das war es wohl und nicht etwa die mangelhaft beherrschte Brückenbaukunst.

Das Ereignis am Tay war die größte Katastrophe seit Bestehen der Eisenbahn, die allerdings ihrem Ruf als sicherstes Landverkehrsmittel nichts anhaben konnte. Im 19. Jahrhundert kam es erneut des öfteren zu Brückeneinstürzen.

115 Ritzau: Schatten der Eisenbahngeschichte, Pürgen 1987, Seite 39 auch mit Beschreibung der Tay-Brükken-Katastrophe

116 heute Münchenstein

117 Oberingenieur Bridel war Bauleiter der Jura-Bern-Bahn, die in die Jura-Simplon-Bahn aufging.

118 Die Opferangaben schwanken in den Berichten. Ausführlich über den Hergang, weniger über die Ursache, berichten: Schneider/Masé: Katastrophen auf Schienen, Zürich 1968, Seiten 224ff.

Die Birsbrücke von Mönchenstein[116] (Strecke Basel–Delémont) erfuhr traurige Berühmtheit, war mit ihr doch der Name des genialen Ingenieurs Gustave Eiffel verknüpft. Die Entwürfe kamen 1873 von Gustav Bridel[117] und Chappnis, wurden aber vom angesehenen Büro Gustave Eiffel & Co in Lerallois-Perret bei Paris umgestoßen.

Vor dem Unglückstag, dem 14. Juni 1891, hatte es tagelang geregnet, aber jetzt strahlte die Sonne, und viele fuhren an diesem Sonntag in das Basel nahegelegene Dorf zum Bezirksgesangfest. Noch für den Nachmittagszug drängten sich im Basler Centralbahnhof so viele Menschen, daß man kurz vor der Abfahrt des Zuges 174 der Jura-Simplon-Bahn, der 14.20 Uhr abfahren sollte, zwei zusätzliche Personenwagen und eine Vorspannlokomotive beistellte. Die Zugzusammensetzung war jetzt:

- Lokomotiven B $^3/_4$ 203 und 209 (nach anderen Quellen Gattung A^3 T).
- zweiachsiger Gepäckwagen,
- zwei Personenwagen mit 8 Achsen,
- zweiachsiger Postwagen,
- zweiachsiger Eilgutwagen,
- acht Personenwagen mit 26 Achsen, insgesamt 40 Achsen, 324 t Anhängemasse, 582 Plätze, etwa 530 bis 540 Reisende im Zuge. Der Zug näherte sich der Brücke über die Birs mit einer Geschwindigkeit von 50 km/h, dann setzte der Führer der Vorspannlokomotive die Westinghouse-Bremse ein, worauf der Zug mit 35 km/h auf die Brücke fuhr. Als die Vorspannlokomotive das rechte Widerlager erreichte, brach es zusammen. Innerhalb weniger Sekunden stürzte das in Richtung Bahnhof Mönchenstein gelegene Drittel der Brücke ein, wobei sich die Vorspannlokomotive um 180° drehte und mit den Rädern nach oben in den Fluß fiel. Die zweite Lokomotive fiel hinunter, zwei Wagen senkten sich fast in die Lotrechte, die nachfolgenden stießen auf die vorderen und auf die Querverbindungen der oberen Gurtungen, wurden in ihrem Lauf gehemmt, teilweise in der Richtung abgelenkt, rissen die obere Gurtung mit und beschädigten die Tragewände.

Sieben Wagen waren vollständig zerstört – sie hatten die Energie des Zuges „aufgezehrt" – aus den Fahrzeugen 1 bis 7 von 85 m Länge war ein Trümmerhaufen von nur 20 m Länge geworden. Von 73 Toten und 131 Verletzten berichteten die Zeitungen – die größte Eisenbahnkatastrophe in der Schweiz![118]

Die vom Schweizerischen Bundesrat eingesetzte Untersuchungskommission (bestehend aus C. Zschokke, Ingenieur in Aarau, L. Seifert, Oberingenieur in Duisburg, Prof. Ritter und Prof. Tatmajer, Eidgenössische Hochschule Zürich) suchte die Unfallursache in der Brücke und fragte: War die Brücke gemäß dem Stand der Wissenschaft gebaut? Waren die Vorschriften über deren Ausführung genügend? War die Ausführung vorschriftsgemäß? Haben sich im Laufe der Zeit die Bedingungen geändert? Fragen nach dem menschlichen Versagen, auch wenn die Zeitungen damals diesen Begriff nicht verwandten.

Und die Kommission fand die Fehler in der Konstruktion: Die Knotenpunkte waren nicht zentriert (Abweichungen bis zu 28 cm), nicht jede Tragwand war genügend steif. Bei Querverbindungen hatte die Firma die wesentlichen Teile weggelassen, die Verbindungen

Dramatisierende Zeichnung von der Unfallstelle Mönchenstein
Zeichnung: aus von Schweiger-Lerchenfeld „Vom rollenden Flügelrad", Wien, Pest, Leipzig 1894

zwischen Quer- und Hauptträger waren mangelhaft ausgeführt, die Verbindung zwischen Schwellenträger und Querträger ungenügend konstruiert, die Vernietung der Stöße spärlich, aber es gab auch Mängel (Einfügen der Schrägen der Hauptträgerwand), die auf das Konto der noch zu erwähnenden Brückenverstärkung gingen.

119 Einzelheiten der Mängel in: Organ für die Fortschritte des Eisenbahnwesens, Wiesbaden/München 1892, Seite 72f.

Schließlich warf die Kommission dem Ausführenden vor: „Nach obigen Darlegungen muß somit der Entwurf der Birsbrücke, für welchen die behördliche Genehmigung nie nachgesucht worden ist, als fehlerhaft bezeichnet werden, theoretisch sowohl als konstruktiv. (...) Bestimmungen und Vorschriften über die Ausführung der Brücke waren teilweise lükkenhaft, teilweise unbestimmt, im allgemeinen jedoch der Zeit entsprechend, die Ausführung mittelgut. Das verwendete Material hätte bei sorgfältiger Abnahme zu einem großen Teil von der Verwendung ausgeschlossen werden müssen. (...) Hiernach erscheint es kaum zweifelhaft, daß die erste Veranlassung zum Einsturz der Mönchensteiner Brücke in einer schließlichen Erschöpfung des Arbeitsvermögens bzw. in Materialzerstörung zu suchen ist."[119]

Die Firma Eiffel & Co konnte solche Vorwürfe nicht auf sich sitzen lassen und ließ von Prof. Gaudard aus Lausanne ein Gegengutachten erstatten. Der kam zu dem Schluß: „Offenkundige Mängel hat die Brücke nicht gehabt, in 16 Jahren wurde sie von 150 000 Zügen befahren. Zu jener Zeit sei das Material üblich gewesen" (im vorher genannten Gutachten hatte man 40 Proben aufgeführt, die 40mal ungenügend ausfielen!). Schließlich bestritt der Lausanner Professor die Nützlichkeit von Belastungsproben. „Die Ursache des Unglücks ist nicht in der Brücke, sondern außerhalb zu suchen, in der Senkung des Gleises und Gewichtes der Lokomotive."

Foto von der Unfallstelle
Foto: Sammlung Preuß

Was blieb übrig? Es mußte ein Obergutachten angefordert werden. Oberingenieur Röthlisberger, Brückenbauwerkstatt von Savigliano bei Turin, kam zum Schluß: „Die Baupläne entsprachen den Verordnungen. Merkliche Konstruktionsfehler wurden nicht festgestellt. Die behördliche Erprobung vor Betriebseröffnung ist nicht verlangt worden. „Die Ursachen können unmöglich genau angegeben werden. Die Katastrophe ist wahrscheinlich die unmittelbare Folge des Unfalls von 1881.[120] Die Brücke ist seitdem in permanenter Weise geschwächt geblieben."

Im Herbst 1890 wurden die Quer-, nicht aber die Hauptträger verstärkt, damit die Bahn Lokomotiven mit 15 t Achsfahrmasse einsetzen konnte. Das Brückenbauamt Probst, Chappnis und Wolf in Bern war damit beauftragt worden. Es wies die Vorwürfe zurück: „Die Hauptträger genügten auch der vergrößerten Last." Es hatte nur den Quer- und Schwellenträgern Kopf- und Fußplatten hinzugefügt, den Anschluß an die Schwellen- und Querträger verdoppelt, die Außenfelder der Querträgerwand durch aufgenietete, schräg nach der Mitte ansteigende Winkeleisen versteift. Die Arbeiten wurden im Oktober 1890 beendet.

Niemanden treffe eine strafbare Fahrlässigkeit, stellte der Staatsanwalt fest, dem der Regierungsrat von Basel am 8. September 1892 beipflichtete. Das Zivilgericht Basel verurteilte daraufhin die Jura-Simplon-Bahn wegen grober Fahrlässigkeit zum Schadenersatz der betroffenen Reisenden.

In den Berichten über die Unglücksursache tauchte die Frage nach der Kausalität immer wieder auf, die stets die Ursachenforschung begleitet: Entgleiste der Zug wegen des Brückeneinsturzes, oder stürzte die Brücke als Folge der Entgleisung ein? Offiziell war ja entschieden, daß zuerst die Brücke einstürzte, aber die andere Version blieb weiter wahrscheinlich. Denn: Die neuartige Westinghouse-Druckluftbremse wirkte bei der Lokomotive 203 nur auf den Tender, bei der 209 auf die Treib- und die Tenderräder. Von den 13 Wagen waren nur acht mit der Druckluftbremse versehen, die anderen besaßen lediglich die Handspindelbremsen. Von der Bremswirkung, die vor der Brücke von der Vorspannlokomotive ausging, will das Lokomotivpersonal der zweiten Lokomotive nichts gespürt haben. Ob dieses Personal, weil es vermutete, der Führer der Vorspannlokomotive vergesse zu bremsen, eigenmächtig ebenfalls die Bremse bediente und dadurch die Wagen auf die Lokomotiven aufliefen? Ob dabei der nur 8,5 t schwere Gepäckwagen aus den Schienen gehoben wurde und die Brückenkonstruktion berührte – wer weiß?

Der Unfall von Mönchenstein hatte Konsequenzen für alle Brücken: Strenge amtliche Abnahmeprüfungen mit der sogenannten Brückenprobe, ständige Inspektionen, und man schenkte der Quersteifigkeit der eisernen Brücken erhöhte Beachtung. Auch über die Konstruktion, wie der von Mönchenstein (offene mit räumlicher Konstruktion als starres Ganzes oder geschlossene Brücke mit Obergurten und dort eingelegtem Windverband), wurde diskutiert. Heute überspannt die Birs eine 46 m lange Stahlbrücke von 50,50 m Weite.

120 Gemeint ist das Hochwasser am 1./2. September, bei dem das linke Widerlager unterspült wurde, so daß das Lager A frei schwebte. Nach Ausrichtung der Brücke wurden die sichtbaren Risse verlascht. Wahrscheinlich blieben an verdeckten Stellen Verletzungen der Konstruktion.

Die eingebrochen Brücke bei Wurgwitz

Aber auch die neuere Zeit blieb von Brückeneinstürzen nicht verschont.

Eine Leipziger Firma wechselte auf der Wurgwitzer Brücke (Schmalspurstrecke Freital-Potschappel–Wilsdruff) die Leitschienen aus, die im Falle einer Zugentgleisung die Brücke vor Schäden schützen sollen. Die Bauarbeiter waren am 4. November 1935 gerade dabei, die Brücke zu verlassen und zum Frühstück zu gehen, als ein Güterzug mit den Lokomotiven 99 704 und 99 713 sich der Brücke näherte. 8.35 Uhr, gerade hatte die erste Lokomotive das Brückenteil über der Straße befahren, krachte es, das Eisenwerk zerbrach. Die zweite Lokomotive und der Gepäckwagen sackten 1 m tief ab, die Lokomotive neigte sich zur Seite, das zweite Pfeilerpaar wurde aus dem Fundament gerissen.

Wie ein Wunder hielten die Brückenkonstruktion, die Schienen und die Fahrzeugkupplungen den Zug. Erst 100 m von der Unfallstelle entfernt brach eine Schiene, die Brückenverformung hob das Schwellenband aus dem Schotterbett.

Das Lokomotivpersonal löschte das Feuer und brachte sich in Sicherheit, denn jeden Augenblick war mit dem Absturz des Zuges zu rechnen. Schaulustige und Bahnpolizei trafen ein, der Hilfszug aus Freital, Lokomotivschlosser aus Wilsdruff und Hainsberg, Pioniere aus Dresden kamen.

Als erstes wurde ein großer Stempel unter die abgerissenen Träger gesetzt, am Abend Gerüste von der im Bau befindlichen Autobahnbrücke über die Elbe gebracht. Nach reichlich einer Woche wurden die Lokomotiven geborgen, schließlich eine neue Brücke gebaut, die am 6. Januar 1936 eingeweiht wurde.[121] Die Quelle läßt sich nicht über die Einsturzursache aus, offenbar war das Bauwerk nicht der Masse der beiden Lokomotiven gewachsen.

Am 13. Oktober 1982 entgleisten Lokomotive und mehrere Wagen des P 3621 bei der Ausfahrt aus dem Bahnhof Altenburg (Strecke Leipzig–Hof). Das Tragwerk einer Straßenbrücke versagte, weil ein außer Kontrolle geratener Lkw eine Stütze des Überbaus gerammt hatte. Diese riß in halber Höhe quer durch und konnte den kurz darauf über sie fahrenden Personenzug nicht tragen. Der rechte Hauptträger der Überbauten senkte sich um etwa 750 mm, worauf der Zug entgleiste. Daß es nicht zu größerem Schaden kam, war dem festen Verbund der Randüberbauten untereinander und dem durchgehenden Wannenblech im Bereich der Hauptträgergelenkanschlüsse zu danken.

Zum Unfall mit ähnlicher Ursache war es am 24. Juli 1974 in Österreich gekommen. D 252 fuhr zwischen Bad Vöslau und Baden über eine Gleisanhebung, wobei der vierte Wagen entgleiste, der wiederum die folgenden sechs Wagen zum Entgleisen brachte. Ein Fahrzeug stürzte über die Böschung. Lediglich 29 Leichtverletzte wurden registriert.

An der Unfallstelle war eine Baufirma dabei, im Durchpreßverfahren unter dem Gleiskörper eine Erdgasleitung durchzutreiben. Der Lokomotivführer bemerkte bei einer Geschwindigkeit von 120 km/h eine „Fahrunregelmäßigkeit" im Verhalten der Lokomotive 1042.621 und leitete die Schnellbremsung ein.

Am 9. November 1982 brach in Italien die Eisenbahnbrücke zwischen Castelguelfo und Parma zusammen, als ein schnell aufsteigendes Hochwasser im Tarofluß drei Pfeiler unterspülte.

Im März 1983 brach in Serajganj im Nordwesten von Bangladesh eine über 100 Jahre alte Brücke unter der Last eines überfüllten Personenzugs zusammen. Beim Sturz in einen Fluß in 30 m Tiefe kamen 40 Reisende ums Leben, 100 wurden verletzt.

Schließlich das makabre Kuriosum einer Brückenprobe. British Rail wollte die Belastbarkeit einer Brücke mit Hilfe eines regulären Personenzugs prüfen. Die durch Hochwasser gefährdete Brücke über den Fluß Towry brach zusammen, vier Reisende kamen ums Leben.

Als eine staatliche Kommission diesen Unfall untersuchte, kam der Mißbrauch des Zuges ans Tageslicht. British Rail begründete ihre Entscheidung naiv, noch nie habe man einen Brückeneinsturz erlebt und keinen Grund gehabt, von einem solchen auszugehen, weshalb man keine Skrupel hatte, den planmäßigen Personenzug zu nutzen!

121 Peter Wunderwald: Das ehemalige Wilsdruffer Schmalspurnetz, Wilsdruff o. J., Seiten 87ff.

Abkürzungen

Abzw	Abzweigstelle
ADN	Allgemeiner Deutscher Nachrichtendienst
BD	Bundesbahndirektion
BHÉV	Budapesti Helyiérdekü Vasút (Budapester Lokalbahn)
Bw	Bahnbetriebswerk (DR), Betriebswerk (DB)
ČSD	Československé Stáni Dráhy (Tschechoslowakische Staatsbahnen)
D	Schnellzug
DB	Deutsche Bundesbahn
Dg	Durchgangsgüterzug
DR	Deutsche Reichsbahn
DS	Druckschrift
DV	Dienstvorschrift
EC	EuroCity
Ex	Expreßzug
Gag	Ganzzug
Gbf	Güterbahnhof
Gdg	Großgüterwagenzug
Gmp	Güterzug mit Beförderung von Personen
Hbf	Hauptbahnhof
KPdSU	Kommunistische Partei der Sowjetunion
Lz	Lokomotivleerfahrt (Zuggattungsbezeichnung)
Lzz	Lokomotivleerfahrt zu einem (bestimmten) Zug (Zuggattungsbezeichnung)
MÁV	Magyar Államvasutak (Ungarische Staatseisenbahnen)
N	Nahverkehrszug
ÖBB	Österreichische Bundesbahnen
P	Polskie Koleje Panstwowe (Polnische staatliche Eisenbahnen)
SBB	Schweizerische Bundesbahnen
SED	Sozialistische Einheitspartei Deutschlands
SNCF	Société Nationale des Chemins de fer Français (Nationalgesellschaft der Französischen Eisenbahnen)
SZD	Sovjetskije Železnyje Dorogi (Sowjetische Eisenbahnen)
TASS	Abkürzung für die sowjetische (staatliche) Nachrichtenagentur
UdSSR	Union der Sozialistischen Sowjetrepubliken
ZK	Zentralkomitee

Ortsregister

Altenbeken	23. 3. 1985	35
Altenburg	13. 10. 1982	166
Ansbach	30. 4. 1987	30
Ay	6. 11. 1988	78
Bad Vöslau	24. 7. 1974	166
Bitterfeld	27. 11. 1977	148
Böhla	5. 8. 1990	106, 120
Bregenz	30. 8. 1989	35
Briesen	2. 6. 1981	113
Budapest Boraros tér	13. 4. 1978	134
Castelguelfo	9. 11. 1982	166
Demmin	16. 5. 1900	154
Dirschau	13. 5. 1890	95
Edle Krone	11. 4. 1982	39
Eilsleben	11. 10. 1985	61
Erfurt-Bischleben	11. 6. 1981	118
Forst Zinna	19. 1. 1988	117
Genthin	14. 5. 1986	85
Glauchau	19. 3. 1986	70
Gröbers	22. 3. 1990	63
Hannover-Empelde	19. 3. 1985	27
Herlisheim	14. 5. 1909	146
Hilkenborg	26. 7. 1913	154
Kamenskaja	5. 8. 1987	97
Karl-Marx-Stadt-Furth	4. 6. 1960	54
Kohlfurt	19. 10. 1891	48
Königsberg-Lizent-bahnhof	13. 6. 1913	89
Krensitz	20. 6. 1984	114
Lambach	18. 9. 1987	57
Lauchhammer West	8. 4. 1986	126
Lebus	27. 6. 1977	66
Lehe	3. 4. 1914	46
Leipzig	16. 12. 1866	147
London	12. 9. 1988	136
Long-Island	1852	154
Lütter	10. 12. 1987	24
Mende	22. 12. 1968	132
Mönchenstein	14. 6. 1891	161
Namur	1889	154
Neubrandenburg	23. 11. 1985	75
Norwood	1. 5. 1891	160
Oebisfelde	27. 7. 1991	9
Okrohhlic	9. 1. 1929	51
Othmarsingen	25. 7. 1982	82
Paris Gare de Lyon	27. 6. 1988	102
Potsdam	16. 12. 1866	147
Praha	31. 3. 1988	52
Predportowaja	12. 3. 1988	87
Rüdesheim	20. 9. 1983	72
Ruis-Bolo	29. 11. 1987	85
Rüsselsheim	2. 2. 1990	15
Saitz	10. 9. 1928	51
Saxon	16. 2. 1990	70
Tangerhütte	1. 9. 1979	115
Tarazona	25. 11. 1907	154
Taybrücke	28. 12. 1879	156
Uvaly	10. 7. 1984	119
Velpe	13. 5. 1913	139
Wald a. A.	21. 2. 1971	101